Rustam Esanov

Hidroximetilação do ADN em doenças de expansão de repetições não codificantes

Rustam Esanov

Hidroximetilação do ADN em doenças de expansão de repetições não codificantes

ScienciaScripts

Imprint
Any brand names and product names mentioned in this book are subject to trademark, brand or patent protection and are trademarks or registered trademarks of their respective holders. The use of brand names, product names, common names, trade names, product descriptions etc. even without a particular marking in this work is in no way to be construed to mean that such names may be regarded as unrestricted in respect of trademark and brand protection legislation and could thus be used by anyone.

Cover image: www.ingimage.com

This book is a translation from the original published under ISBN 978-3-330-65312-2.

Publisher:
Sciencia Scripts
is a trademark of
Dodo Books Indian Ocean Ltd. and OmniScriptum S.R.L publishing group

120 High Road, East Finchley, London, N2 9ED, United Kingdom
Str. Armeneasca 28/1, office 1, Chisinau MD-2012, Republic of Moldova, Europe
Managing Directors: Ieva Konstantinova, Victoria Ursu
info@omniscriptum.com

Printed at: see last page
ISBN: 978-620-8-40711-7

UNIVERSIDADE DE MIAMI

HIDROXIMETILAÇÃO DO ADN NA EXPANSÃO DE REPETIÇÕES NÃO CODIFICANTES DESORDENS

Por

Rustam Esanov

Coral Gables, Flórida

2017

ESANOV, RUSTAM (Doutoramento, Farmacologia Molecular e Celular)

Hidroximetilação do ADN não codificante (2017)
Perturbações de expansão da repetição

Resumo.

Sob a direção do Professor Claes Wahlestedt.

N.º de páginas do texto. (111)

Foi recentemente demonstrado que a expansão de repetições hexanucleotídicas no gene C9ORF72 causa a esclerose lateral amiotrófica familiar, uma doença neurodegenerativa causada pela morte global de neurónios motores. A expansão leva à heterocromatinização parcial do locus, mas os RNAs mutantes e as proteínas de repetição dipeptídica ainda são produzidos em quantidades suficientes para conferir neurotoxicidade. Até agora, vários grupos de investigação identificaram hipermetilação do ADN em locais CpG do promotor do C9ORF72 numa fração de doentes, mas o momento do desenvolvimento e a razão da sua ocorrência apenas num subconjunto de indivíduos permanecem desconhecidos. A fim de modelar a aquisição da hipermetilação do C9ORF72, gerámos células estaminais pluripotentes induzidas a partir de um doente com ELA com hipermetilação do promotor do C9ORF72. Os nossos dados mostram que os níveis de metilação são reduzidos pela reprogramação e depois readquiridos após a especificação neuronal, enquanto os níveis de hidroximetilação aumentam após a reprogramação e são mais elevados nas iPSCs e nos neurónios motores. Confirmámos a presença de hidroximetilação no promotor do C9ORF72 em tecidos cerebrais post-mortem de doentes com hipermetilação. Utilizando neurónios iPSC, verificámos que a prevenção da formação do R-loop não impediu a heterocromatinização do locus expandido. Além disso, mostramos que no modelo de rato C9-BAC de ALS, a heterocromatinização parcial do C9ORF72 ocorre durante as primeiras semanas de vida, indicando que a repressão epigenética é regulada pelo desenvolvimento. Em conjunto, estas observações fornecem mais informações sobre o mecanismo e o curso do tempo de desenvolvimento das perturbações epigenéticas conferidas pela expansão da repetição C9ORF72.

A Síndrome do X Frágil (FXS) resulta de uma mutação de expansão de repetições perto do promotor do gene FMR1 e é a forma mais comum de deficiência intelectual hereditária e autismo. As mutações superiores a 200 repetições CGG despoletam a heterocromatinização do FMR1 e a perda de expressão do gene, que é a principal responsável pelas caraterísticas patológicas do FXS. Embora o papel da 5-metilcitosina (5mC) no silenciamento do gene FMR1 tenha sido amplamente estudado, o papel da 5-hidroximetilação (5hmC), uma marca epigenética recentemente descoberta produzida através da desmetilação ativa do ADN, não foi previamente investigado nos neurónios FXS. Aqui, utilizámos dois ensaios epigenéticos complementares, a digestão de restrição sensível à hidroximetilação e a pirosequenciação por bissulfito assistida por TET, para quantificar os níveis de FMR1 5mC e 5hmC. Observámos um aumento dos níveis de 5hmC no promotor do FMR1 em cérebros de doentes com mutações completas em relação a portadores de pré-mutações e controlos não afectados. Além disso, descobrimos que o enriquecimento de 5hmC no locus FMR1 em células FXS é específico dos neurónios, utilizando uma técnica de triagem de núcleos para separar fracções de ADN neuronal e glial de tecidos cerebrais post-mortem. Estudos futuros poderão investigar o potencial de alavancar esta via epigenética para restaurar a expressão de FMR1 e discernir se os níveis de 5hmC se correlacionam com a gravidade fenotípica.

Dedicação

Este trabalho é dedicado ao meu pai, Esanov Umbar Melibayevich, e à minha mãe, Tashbayeva Gulchehra Baratovna.

Índice

CAPÍTULO 1
Introdução

1.1 Perturbações de expansão da repetição

1.1.1 Visão geral

As doenças de expansão repetitiva são uma família de doenças genéticas humanas hereditárias que resultam da sequência repetitiva de microssatélites no genoma [1]. Podem ocorrer na região codificadora do gene (exões), bem como na região não codificadora (região 5' não traduzida e intrões). Estas expansões repetitivas aberrantes conduzem a vários fenótipos de doença nos indivíduos afectados, interferindo normalmente com a função neuronal [2]. Embora em alguns casos a sequência repetitiva na região codificadora resulte na perda de função de uma proteína relevante, o ganho de função tóxica é o mais prevalente [3]. Por exemplo, a doença de Huntington e vários tipos de ataxia espinocerebelosa são todos causados pela expansão da repetição de trinucleótidos CAG na região codificante do gene, levando à agregação de péptidos de poliglutamina tóxicos nos neurónios. No caso das doenças de expansão de repetições não codificantes, por outro lado, os mecanismos da doença implicados na neurodegeneração são mais complexos. Quando a expansão da repetição ocorre na região 5' não traduzida (5'UTR) ou no intrão do gene, impede frequentemente a iniciação da transcrição e a eficiência do alongamento, o que acaba por conduzir à perda de função ou à haploinsuficiência. Quando a expansão da repetição é transcrita, dá origem a um pré-RNA tóxico que sequestra as proteínas de ligação ao RNA e altera o processamento do RNA na célula. Além disso, o pré-mRNA tóxico que contém a expansão da repetição pode ser traduzido através de uma via de tradução não convencional não ATG e produzir agregados de péptidos tóxicos que contribuem para a morte neuronal ao sobrecarregar os proteasomas [4]. Finalmente, quase todas as perturbações de expansão de repetições não codificantes têm um componente epigenético que contribui para a gravidade da doença [5]. As actuais tecnologias de sequenciação não são capazes de identificar grandes extensões de sequências expandidas em estudos de todo o genoma. Assim, muitas doenças idiopáticas podem resultar de mutações de expansão de repetições ainda não descobertas. No Quadro 1.1 são apresentados vários exemplos de doenças conhecidas por expansão de repetições não codificantes.

Quadro 1.1 Exemplos de doenças de expansão de repetições não codificantes.

Doença	Gene	Sequência de repetição	Gene Localização	Gama normal	Patogénico
Síndrome do X Frágil	FMR1	CGG	5'UTR	6-50	>200
Síndrome de tremor e ataxia associada ao X Frágil	FMR1	CGG	5'UTR	6-50	55>200
Esclerose Lateral Amiotrófica	C9ORF72	GGGGCC	Intrão	6-30	>50
Distrofia Miotónica 1	DMPK	CTG	3'UTR	5-34	>50
Ataxia espinocerebelosa 8	SCA8	CTG	3'UTR	16-37	>110
Ataxia de Friedreich	FRDA	GAA	Intrão	7-34	>100
Distrofia Corneana de Fuch	TCF4	CTG	Intrão	6-31	>50

Apesar de os tipos de células neuronais serem seletivamente vulneráveis a mutações de expansão repetida, o subtipo neuronal específico que é afetado pode produzir apresentações clínicas diversas. Por exemplo, duas doenças com representação clínica distinta: A Esclerose Lateral Amiotrófica (ELA) e a Demência Frontotemporal (DFT) podem resultar da mesma mutação de expansão de repetição hexanucleotídica C9ORF72 [6]. Enquanto a ELA visa especificamente os neurónios motores superiores e inferiores, a DFT está associada à perda de neurónios corticais nos lobos frontal e temporal. Por conseguinte, uma resulta numa paralisia completa do corpo sem disfunção cognitiva e a outra é caracterizada pela perda de memória sem défice motor. Noutro exemplo de heterogeneidade fenotípica inesperada, a Síndrome do X Frágil (FXS) e a Síndrome do Tremor e Ataxia Associados ao X Frágil (FXTAS), que resultam do tamanho de expansão variável da mesma mutação genómica, uma expansão CGG do gene FMR1, manifestam-se distintamente como doenças neurodesenvolvimentais ou neurodegenerativas, respetivamente [7]. Este trabalho centra-se nas duas doenças de expansão de repetições não codificantes: A esclerose lateral amiotrófica associada ao gene C9ORF72 (C9-ALS) e a Síndrome do X Frágil.

1.1.2 ELA associada ao C9ORF72

A esclerose lateral amiotrófica ou doença de Lou Gehrig é uma doença neurodegenerativa progressiva que afecta principalmente os neurónios motores do cérebro e da espinal medula [8]. Os neurónios motores são células nervosas especializadas necessárias para a iniciação do movimento muscular que se estendem do cérebro e da espinal medula até aos músculos de todo o corpo. A morte progressiva dos neurónios motores acaba por levar à perda da capacidade de iniciar e controlar os movimentos voluntários nos doentes com ELA. Com a ação muscular voluntária progressivamente afetada, os doentes nas fases mais avançadas da doença ficam paralisados e acabam por morrer devido a insuficiência respiratória 3-4 anos após o início da doença.

A maioria dos casos de ELA é considerada esporádica, o que significa que ocorre ao acaso, sem factores de risco claramente associados e sem história familiar da doença [9]. A ELA familiar ou genética constitui cerca de 10% do total de casos e resulta de mutações em vários genes, incluindo SOD1, TDP-43, FUS, VCP e TBK1. Em 2011, uma mutação de expansão de repetição hexanucleotídica (HRE) GGGGCC perto do promotor do gene C9ORF72 foi identificada como a causa genética mais comum de ELA e demência frontotemporal [10,11]. A mutação é responsável por aproximadamente 34% dos casos familiares e 6% dos casos esporádicos de ELA e coloca-a numa grande família de quase 40 doenças de expansão repetida, muitas das quais afectam especificamente os neurónios [12].

O produto proteico da C9ORF72 permanece mal caracterizado, mas assemelha-se estruturalmente às proteínas Differentially Expressed in Normal and Neoplastic cells (DENN), que estão envolvidas em processos de tráfico de membranas [13]. Os alelos com expansões superiores a 30 repetições são enriquecidos com marcas epigenéticas repressivas no promotor do gene, incluindo a trimetilação da histona 3 lisina 9 (H3K9me3) e, em alguns casos, a metilação da citosina do ADN (5mC) [14]. Esta heterocromatinização corresponde a taxas de transcrição reduzidas, levando à hipótese de que a haploinsuficiência pode contribuir para a patologia da ELA e da DFT relacionadas com o C9ORF72 [6]. A transcrição bidirecional através do HRE produz transcrições de ARN expandidas que formam focos de ARN, sequestram proteínas de ligação ao ARN e interrompem o processamento global do ARN [10,15]. Além disso, as proteínas de repetição dipeptídica (DPRs) produzidas pela tradução nãoATG (RAN) associada à repetição [4] de RNAs C9ORF72 que abrigam o HRE representam uma terceira fonte potencial de patologia [16]. Estudos recentes demonstraram que o transporte nucleocitoplasmático é perturbado por RNAs expandidos e DPRs [17-19]. Assim, a patologia C9ORF72-ALS pode resultar, em parte, da perda da função do gene, enquanto os RNAs tóxicos e os DPRs desempenham um papel principal.

1.1.3 Síndrome do X Frágil

A Síndrome do X Frágil está associada a um espetro de caraterísticas físicas e comportamentais, a mais debilitante das quais é a deficiência intelectual grave; é a forma genética mais comum conhecida de autismo e é a forma hereditária mais frequente de atraso mental, afectando 1:4000 homens e 1:8000 mulheres [20,21]. Tipicamente, o FXS resulta de uma mutação de expansão de repetição de trinucleótido CGG na região 5' não traduzida do gene FMR1 que leva à repressão transcricional através de reestruturação epigenética [22-24]. O produto do gene FMR1 é uma proteína de ligação ao ARN, denominada FMRP, que é necessária para o metabolismo correto do ARN e para a plasticidade sináptica [25,26]. Em particular, foi proposto que, após a ativação dos receptores de glutamato metabotróficos do grupo 1, os níveis de FMRP aumentam perto das sinapses neuronais e facilitam as ligações sinápticas. Tanto a repressão transcricional como a redução da eficiência translacional dos ARNm expandidos conspiram para parar a produção de FMRP, que é a principal responsável pelas caraterísticas patológicas da síndrome de FXS [27]. De forma notável, as mutações completas do FMR1 comprometem a superestrutura da cromatina tão profundamente que uma porção do cromossoma X fica precariamente deslocada e parece "frágil" quando preparada para análise do cariótipo [28]. A expansão do FMR1 foi identificada em 1991 [24], colocando-o entre os primeiros a serem descobertos numa família em rápido crescimento de doenças de expansão repetida [1,29].

Ocorrendo no início da embriogénese [30], os alelos FMR1 pré-mutados (55-200 repetições CGG) da linhagem materna expandem-se para mutações completas maiores (>200 repetições) de uma forma antecipatória em que as pré-mutações maiores têm maior probabilidade de transmissão [31]. Embora os alelos FMR1 pré-mutados não sofram heterocromatinização, não são desprovidos de consequências, uma vez que a produção excessiva de ARNm FMR1 mutante resulta na síndrome de tremor/ataxia associada ao X Frágil (FXTAS) a uma taxa de 1 em 250 adultos do sexo masculino e 350 do sexo feminino [21,32]. A FXTAS é caracterizada por ataxia cerebelar progressiva de início tardio e tremor de intenção em indivíduos com uma pré-mutação. A transcrição da FMR1 pré-mutada resulta na produção de proteínas tóxicas de repetição dipeptídica, semelhantes às observadas na C9-ALS. Tanto a FXS como a FXTAS são mais graves nos homens do que nas mulheres, devido ao seu padrão de hereditariedade ligado ao X. Curiosamente, devido à inativação do X, algumas mulheres podem parecer saudáveis e quase sem sintomas, apesar de serem portadoras do locus FMR1 expandido [33].

1.2 Epigenética nas doenças de expansão repetida

1.2.1 Metilação do ADN

Os alelos C9ORF72 expandidos têm taxas de transcrição reduzidas, estão desprovidos de marcas de histonas activas com enriquecimento concomitante de marcas epigenéticas repressivas, incluindo hipermetilação do ADN em alguns casos. Especificamente, os níveis de todas as três variantes do transcrito C9ORF72 são reduzidos em C9-ALS, incluindo a variante 2 que não contém a sequência repetida devido à utilização alternativa do sítio de início da transcrição (TSS) [10,34,35]. As marcas epigenéticas repressivas enriquecidas incluem a trimetilação da histona 3 nas posições de lisina 9 e 27 (H3K9me3, H3K27me3) e a lisina 20 da histona 4 (H4K20me3) [34]. Para além disso, a metilação do ADN de resíduos de citosina nas ilhas CpG perto do promotor do C9ORF72 ocorre em aproximadamente 30% dos doentes [14,36,37]. É de salientar que esta hipermetilação é teoricamente protetora (Figura 1.1) devido à diminuição da produção de produtos tóxicos nas células dos doentes [38] e à redução da perda neuronal no cérebro [39]. A hipermetilação semelhante da citosina é uma caraterística de outras mutações de expansão de repetições heterocromatinizadas, incluindo as responsáveis pela Síndrome do X Frágil e pela ataxia de Friedrich [40,41]. Foi proposto que as alterações epigenéticas participam em quase todas as doenças de expansão repetida descritas até à data e existem agora provas irrefutáveis de que as perturbações epigenéticas associadas ao HRE do C9ORF72 contribuem para a fisiopatologia do C9-ALS [42-44].

Nos doentes com Síndrome do X Frágil, os alelos FMR1 expandidos apresentam níveis reduzidos de marcadores de cromatina permissivos, como a acetilação em resíduos de lisina das histonas 3 e 4, ao passo que os marcadores repressivos (H3K9me3, H4K20me3 e H3K27me3) estão enriquecidos [45-50]. Para além das modificações da cauda das histonas, a metilação de resíduos de citosina, principalmente no contexto de dinucleótidos CpG, é enriquecida no promotor e na sequência de repetição [23,51,52], o que é altamente preditivo da gravidade fenotípica e é diagnóstico de FXS [53]. Isto resulta no silenciamento epigenético no locus do gene e na ausência de FMRP em células de doentes com FXS, levando a um desenvolvimento neural alterado. Foi proposto que o 5mC está restrito a uma região a montante do promotor FMR1 devido a um limite de metilação do ADN, mas espalha-se a jusante para o promotor FMR1 e para a região de repetição CGG em células FXS onde este limite se perde [54]. Finalmente, o recrutamento anormal de CTCF, um repressor transcricional, foi documentado em FXS e noutras doenças de expansão repetida [55-59]. A CTCF é uma proteína ubíqua de ligação ao ADN, com um dedo de zinco, que estabelece os limites da cromatina, medeia as funções de isolador e estrutura os eventos de looping da cromatina; regula a metilação do ADN, a arquitetura da cromatina e a expressão de genes específicos do tipo celular [60].

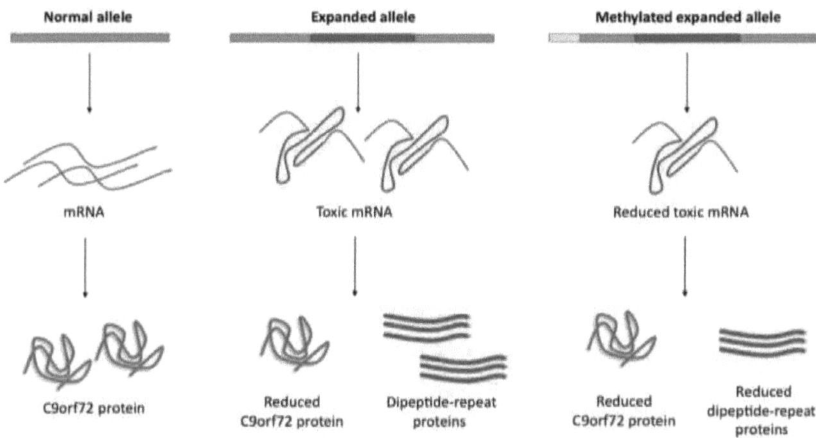

Figura 1.1. Modelo da patologia da repetição hexanucleotídica C9ORF72 e hipermetilação do ADN como mecanismo de proteção. A expansão da repetição (vermelho) reduz as taxas de transcrição e leva à produção de mRNA tóxico e agregados de proteínas com repetições de dipeptídeos. A hipermetilação do promotor do C9ORF72 (amarelo) reduz a quantidade de produtos nocivos produzidos.

1.2.2 Híbridos DNA-RNA

Sabe-se que os duplexes ARN-ADN denominados "R-loops" desempenham um papel em muitos processos biológicos, tais como a recombinação de comutadores de classe nos genes das imunoglobulinas e a regulação da metilação do ADN nas ilhas CpG do promotor do gene [61]. Consistente com o seu papel na regulação da elongação e terminação da transcrição, a tendência para a formação de R-loop é maior nas extremidades 5' e 3' dos corpos de um gene [61-63]. Um estudo em FXS mostrou que a transcrição de mRNA de FMR1, um gene afetado na doença, contribui para o silenciamento epigenético na região promotora [64]. Os autores mostram que o híbrido ARN-ADN se forma no início do desenvolvimento e que a supressão do ARN de cadeia curta do gene FMR1 nas células estaminais embrionárias da síndrome de FXS resulta na recuperação da metilação à medida que estas se diferenciam em neurónios. Embora os laços R sejam normalmente protectores contra a metilação do ADN na maioria dos genes do genoma humano, a expansão da repetição resulta na formação de laços R altamente estáveis devido ao elevado teor de GC e provoca o silenciamento na Síndrome do X Frágil. Além disso, os laços R estão presentes noutras doenças de expansão de repetições não codificantes, como a ataxia de Freidriech e a C9-ALS, o que leva a uma falha na maquinaria de reparação do ADN durante a replicação e provoca a instabilidade das repetições [65,66]. O mecanismo através do qual as marcas epigenéticas repressivas em doentes com ELA-C9 são adquiridas não é claro e, neste caso, coloco a hipótese de que a metilação do ADN no promotor do C9ORF72 é adquirida através da formação de um duplex de ARN-ADN associado à repetição no local do gene.

1.2.3 5-Hidroximetilcitosina

Para além do papel da 5mC, foi recentemente investigado o papel potencial da 5-hidroximetilcitosina (5hmC) na heterocromatinização de genes com mutações de expansão repetida [55,67,68]. A desmetilação da 5mC tem um papel importante no neurodesenvolvimento e na regulação dos genes, que só recentemente foi descoberto [69,70]. O primeiro passo da desmetilação ativa do ADN é a conversão de 5mC em 5hmC, um processo catalisado pelas proteínas da família de translocação dez-onze (TET) [70,71]. Para além de ser um intermediário estável da desmetilação do ADN, o 5hmC funciona como uma marca epigenética frequentemente designada por "sexta" base. Agora, uma marca epigenética bem fundamentada, a 5hmC, tem sido implicada na ativação transcricional dos genes, em parte através da alteração da afinidade das proteínas de ligação ao ADN [72,73]. Os níveis de 5hmC são enriquecidos nas regiões a montante do local de início da transcrição, incluindo as ilhas CpG, e são mais elevados nas células estaminais embrionárias de mamíferos e no tecido cerebral [72,74-76]. Os níveis aberrantes de 5hmC têm sido implicados em problemas de aprendizagem, memória a curto prazo, extinção do medo e depressão a longo prazo [77-80]. Investigações anteriores de hipermetilação de C9ORF72 e FMR1 em ALS e FXS utilizaram a técnica padrão de conversão de bissulfito, que é incapaz de distinguir 5mC de 5hmC [81]. Este facto é particularmente pungente, uma vez que a 5mC é geralmente considerada uma marca repressiva, enquanto a 5hmC está associada a um aumento das taxas de transcrição [72]. Por conseguinte, muito do que sabemos sobre a metilação do ADN, incluindo o seu papel na heterocromatinização do C9ORF72 e do FMR1, deve ser reavaliado através da lente da desmetilação do ADN.

1.3 Modelos de doença e ensaios fenotípicos de C9-ALS

1.3.1 Células estaminais pluripotentes induzidas

Em 2006, Kazutoshi Takahashi e Shinya Yamanaka publicaram o seu artigo "Induction of pluripotent stem cells from mouse embryonic and adult fibroblasts by defined factors" na revista Cell [82]. Este artigo foi uma mudança de paradigma, o significado das suas descobertas é imenso, com um vasto número de aplicações científicas, e acabaria por conduzir à atribuição do Prémio Nobel em 2012. A ideia de converter células maduras diferenciadas em células estaminais pluripotentes de tipo embrionário já existe há bastante tempo. Na década de 1960, experiências de transferência nuclear efectuadas por John Gurdon provaram que uma célula totalmente madura possui a informação necessária para dar origem a um embrião totalmente desenvolvido em rãs [83]. As suas experiências foram posteriormente reproduzidas em 1996 por Keith Campbell e colegas, dando origem ao primeiro mamífero biologicamente clonado de sempre, a ovelha Dolly [84]. No entanto, ainda não era claro se era possível reverter o processo de diferenciação celular e produzir células estaminais pluripotentes. Numa série de experiências, Yamanaka e Takahashi testaram 24 factores de transcrição para determinar a sua capacidade de induzir a reprogramação, isoladamente ou em combinação. Os quatro factores, nomeadamente OCT 3/4, SOX2, c-MYC e KLF4, agora conhecidos como factores Yamanaka, foram suficientes para induzir colónias semelhantes a células estaminais a partir de fibroblastos adultos. Estas células foram designadas por células estaminais pluripotentes induzidas (iPSC) e podem essencialmente dar origem a qualquer tipo de célula do corpo humano.

Os tecidos primários acessíveis, como o sangue e os fibroblastos, não são sistemas modelo ideais devido aos níveis muito baixos de expressão de C9ORF72 em comparação com os neurónios. Outro sistema modelo amplamente utilizado, o tecido cerebral post-mortem, tem utilidade limitada, uma vez que os neurónios motores estão normalmente ausentes nas fases tardias da doença. Por estas razões, decidi utilizar neurónios motores derivados de doentes através da reprogramação de células primárias de doentes com C9-ALS. O recente advento da tecnologia das células estaminais pluripotentes induzidas proporcionou uma oportunidade para examinar aspectos do HRE C9ORF72, incluindo a instabilidade das repetições e as alterações epigenéticas locais, como a hipermetilação do promotor [85]. Para além disso, as iPSC podem ser utilizadas para obter tipos de células relevantes para a doença a partir de doentes com fenótipos bem caracterizados e fornecer um recurso escalável para os esforços de desenvolvimento terapêutico. Dado o seu grande tamanho e elevado teor de GC, o HRE é refratário à manipulação utilizando técnicas tradicionais de genética molecular, enquanto que as células primárias dos doentes e os tecidos post-mortem não podem ser utilizados para modelar a aquisição dinâmica da heterocromatinização C9ORF72 nos neurónios em desenvolvimento.

1.3.2 Modelos de ratinhos transgénicos

A natureza altamente rica em GC do HRE do C9ORF72 torna tecnicamente difícil a produção de modelos animais para o C9-ALS. Por conseguinte, os primeiros modelos de ratinhos neste domínio foram obtidos através do knockout do ortólogo do ratinho C9ORF72 [86] (centrando-se na teoria da perda de função) ou através da sobreexpressão da sequência HRE utilizando o vírus adeno-associado [87] (para estudar o ganho de função do ARN e da DPR). Enquanto este último resultou no fenótipo neurodegenerativo esperado, os ratinhos knockout C9ORF72 exibiram baços surpreendentemente grandes e imunidade comprometida; levando a uma teoria de que o produto da proteína C9ORF72 pode estar envolvido na resposta imunitária [88-90]. Estas descobertas ainda têm de ser validadas em doentes humanos. No entanto, nenhum destes modelos recapitula totalmente a complexa fisiopatologia da C9ORF72 HRE observada em doentes com ELA e tem em consideração o aspeto epigenético da doença.

Em 2015, dois grupos independentes relataram a geração de modelos de ratinhos transgénicos de C9-ALS portadores do HRE patogénico [91,92]. A sequência de expansão de repetição humana foi introduzida no genoma do rato utilizando um cromossoma artificial bacteriano (BAC). Os ratinhos C9ORF72 BAC apresentaram caraterísticas histopatológicas típicas de ganho de função do C9-ALS, incluindo focos de RNA e agregados de DPR, mas não foram observados fenótipos motores ou cognitivos. Subsequentemente, dois grupos adicionais geraram ratinhos C9ORF72 BAC que apresentam sobrevivência reduzida, défices motores e disfunção cognitiva [93,94]. Embora estes relatórios anteriores se tenham centrado na produção de produtos HRE tóxicos, nenhum descreveu as caraterísticas epigenéticas do transgene C9ORF72. Notavelmente, observou-se que o número de focos de mRNA tóxicos e a abundância de DPR em camundongos C9-BAC diminuem significativamente em função da idade [92]. A minha hipótese é que o silenciamento epigenético do transgene C9ORF72 poderia ajudar a explicar por que razão foi observada uma ausência ou um fenótipo neurodegenerativo ligeiro nos ratinhos C9-BAC. Neste caso, realizei um estudo de desenvolvimento utilizando ratinhos BAC transgénicos referidos por Peters et al. [92] para investigar sistematicamente se as caraterísticas epigenéticas do HRE em C9-ALS são recapituladas neste sistema modelo de ratinho.

1.3.3 Ensaios fenotípicos existentes para C9-ALS

Desde a descoberta da expansão da repetição hexanucleotídica GGGGCC, foram registados vários fenótipos relacionados com a doença. Uma das caraterísticas da ELA é um aumento da concentração extracelular de glutamato que leva a padrões de excitação anormais nos neurónios [95]. Nos doentes com ELA, o metabolismo do glutamato é perturbado, o que causa a hipótese de neurodegeneração. Durante décadas, pensou-se que a toxicidade causada por um defeito na remoção do glutamato da fenda sináptica pelos astrócitos era a única causa de morte neuronal [96]. Estudos recentes demonstraram que os neurónios derivados de iPSCs de doentes com C9-ALS são quase 100 vezes mais sensíveis ao tratamento com glutamato [35]. Em particular, uma das proteínas de ligação ao ARNm sequestradas devido ao ARN tóxico na ELA C9ORF72, a ADARB2, está envolvida na excitotoxicidade do glutamato neuronal. Os neurónios motores derivados de doentes com ELA C9- têm maior sensibilidade a certos neurotransmissores, como o glutamato, e essa hipersensibilidade torna insuportável para estas células mesmo o ligeiro aumento da concentração, resultando em excitotoxicidade. O glutamato é um dos principais neurotransmissores do sistema nervoso central e actua como agonista de vários receptores pós-sinápticos, incluindo os receptores ionotrópicos N-metil-d-aspartato (NMDAR) e os receptores alfa-amino-3-hidroxi-5-metil-4-isoxazole-propiónico (AMPAR) [97]. O glutamato liga-se ao AMPAR e estimula o influxo de Na+ para a célula pós-sináptica. Após a estimulação dos AMPAR, o glutamato também é capaz de induzir o influxo de Ca2+ através do NMDAR, que normalmente está inativo devido ao Mg2+ no interior do canal e só é ativado após despolarização parcial. Isto promove a libertação de Ca2+ do retículo endoplasmático e, consequentemente, um aumento da concentração interna de Ca2+ que conduz à apoptose. Alguns tentaram aproveitar este fenótipo para encontrar um medicamento que atenuasse a morte celular mediada pelo glutamato. De facto, o único medicamento aprovado pela FDA para a ELA é o Rilutek® (Riluzole), um inibidor dos receptores do glutamato, conhecido por aumentar a sobrevivência dos doentes numa média de 2-3 meses [98]. Por conseguinte, há uma necessidade urgente de desenvolver melhores ensaios passíveis de rastreio de alto rendimento, a fim de facilitar a descoberta de medicamentos para a ELA.

Embora, na ausência de estímulos externos, os modelos celulares derivados de doentes com C9-ALS apresentem taxas de sobrevivência normais (mesmo os neurónios iPSC), vários estudos demonstram que, ao desafiar as vias de autofagia, é possível observar um fenótipo apoptótico aumentado [99]. Este facto confirma ainda mais as conclusões de que a proteína C9ORF72 está envolvida no tráfico celular e no transporte vesicular [100,101]. No entanto, a razão pela qual apenas um determinado subtipo de neurónios é alvo da mutação HRE continua por esclarecer. Estudos centrados na função neuronal dos neurónios motores derivados de doentes com C9-ALS demonstraram que o seu potencial de repouso e as taxas de disparo aleatório são significativamente diferentes dos observados em neurónios iPSC de controlo saudável [35,102]. Estas avaliações fenotípicas lançaram definitivamente luz sobre a complexa biologia da mutação C9ORF72, mas não conseguiram produzir um ensaio fenotípico fiável para a descoberta de medicamentos. Um avanço recente neste domínio foi feito em 2015, quando três grupos independentes relataram uma disfunção do transporte nucleocitoplasmático em C9-ALS [17-19]. O significado deste avanço é imenso, uma vez que mudou o paradigma para a teoria do ganho de função tóxica da proteína. Acredita-se agora que as DPRs produzidas a partir do locus C9ORF72 expandido obstruem o poro nuclear e impedem que o mRNA seja exportado para o citoplasma, bem como que as proteínas sejam importadas para o núcleo. Por conseguinte, as DPRs podem ser a força motriz da degeneração neuronal motora na ELA C9-. Entre os 5 produtos possíveis da DPR, pensa-se que os agregados dipeptídicos de prolina-arginina (PR) são os mais tóxicos, presumivelmente devido à sua natureza positivamente carregada, tornando-os propensos a ligarem-se a outras proteínas [103,104]. Com base nestes conhecimentos, utilizei um ensaio de transporte nucleocitoplasmático único, recorrendo a uma linha celular U2OS estável que exprime um biossensor marcado com GFP e observei um fenótipo após a sobreexpressão do dipeptídeo PR (discutido no Capítulo 5).

CAPÍTULO 2

Materiais e métodos

2.1 Materiais

Tabela 2.1 Lista de reagentes.

REAGENTE	FONTE	OBJECTIVO
Componentes de cultura celular e factores de crescimento		
DMEM	Thermo Fisher Scientific	Fibroblastos, cultura de células HEK293
Neurobasal	Thermo Fisher Scientific	Cultura de células NPC
mTeSR	Tecnologias StemCell	Cultura de células iPSC e ES
RPMI	Thermo Fisher Scientific	Cultura de células de linfócitos
DMEM/F12	Thermo Fisher Scientific	Cultura de células neuronais
Penicilina/Streptomicina	Thermo Fisher Scientific	Cultura celular geral
Antibiótico/Antimicótico	Thermo Fisher Scientific	Cultura de células neuronais
Soro fetal bovino	Thermo Fisher Scientific	Cultura celular geral
5A de McCoy	Thermo Fisher Scientific	Cultura de células U2OS
StemPro-34	Thermo Fisher Scientific	Reprogramação de linfócitos
SCF	Peprotech	Reprogramação de linfócitos
TPO	Peprotech	Reprogramação de linfócitos
FLT-3	Peprotech	Reprogramação de linfócitos
IL-6	Peprotech	Reprogramação de linfócitos
N2 Suplemento	Thermo Fisher Scientific	Cultura de células neuronais
Suplemento B27	Thermo Fisher Scientific	Cultura de células NPC e Neuronais
FEG	Peprotech	Cultura de células NPC
bFGF	Peprotech	NCP e cultura de células de fibroblastos
BDNF	Peprotech	Cultura de células neuronais
GDNF	Peprotech	Cultura de células neuronais
cAMP	Sigma Aldrich	Cultura de células neuronais
Ácido ascórbico	Sigma Aldrich	Cultura de células neuronais
Ácido retinóico	Sigma Aldrich	Cultura de células neuronais
Purmortamina	Stemgent	Cultura de células neuronais
Heparina	Sigma Aldrich	Cultura de células NPC e Neuronais
GlutaMax	Thermo Fisher Scientific	Cultura celular geral
Tripsina	Thermo Fisher Scientific	Cultura celular geral
Accutase	Tecnologias StemCell	Cultura de células neuronais
Reagente de dissociação celular suave	Tecnologias StemCell	Cultura de células iPSC e ES
Geneticina	Thermo Fisher Scientific	Seleção U2OS
Puromicina	Thermo Fisher Scientific	Seleção de iPSC
Matrigel	VWR	Revestimento de iPSC
Poli-HEMA	Sigma Aldrich	Revestimento NPC
OLP	Sigma Aldrich	Revestimento neuronal
Laminina	Thermo Fisher Scientific	Revestimento neuronal
Gelatina	Sigma Aldrich	Revestimento de iPSC
CryoStor CS10	Tecnologias StemCell	Criopreservação
Anticorpos		
PTU4	Tecnologia de sinalização celular	Imunocitoquímica de iPSC
TRA-1-81	Tecnologia de sinalização celular	Imunocitoquímica de iPSC
SSEA4	Tecnologia de sinalização celular	Imunocitoquímica de iPSC
NANOG	Tecnologia de sinalização celular	Imunocitoquímica de iPSC
SOX2	Tecnologia de sinalização celular	Imunocitoquímica do NPC
NESTINA	Abcam	Imunocitoquímica do NPC
TUJ1	Sigma Aldrich	Imunocitoquímica neuronal
ISL1	Millipore	Imunocitoquímica neuronal
VGLUT1	Sistemas sinápticos	Imunocitoquímica neuronal
MAP2	Abcam	Imunocitoquímica neuronal
NFH	Abcam	Imunocitoquímica neuronal
SYN1	Abcam	Imunocitoquímica neuronal
NEUN	Millipore	Seleção de Núcleos Neuronais
BANDEIRA	Sigma Aldrich	Coloração DPR U2OS

H3K9me3	Abcam	PCI
S9.6	Kerafast	DRIP
Alexa Fluor 488	Thermo Fisher Scientific	Imunocitoquímica geral
Alexa Fluor 594	Thermo Fisher Scientific	Imunocitoquímica geral
Plasmídeos e vectores virais		
psPAX2	Addgene	Embalagem Lentiviral
pVSV-G	Addgene	Embalagem Lentiviral
pLenti-HB9-GFP	Addgene	Validação Neuronal Motora
GAx100-FLAG	Thermo Fisher Scientific Personalizado)	Ensaio NCT
GRx100-FLAG	Thermo Fisher Scientific (Personalizado)	Ensaio NCT
PRx100-FLAG	Thermo Fisher Scientific (Personalizado)	Ensaio NCT
pENTR4-CMV-REV-NES	Addgene (Clonado)	Derivação da linha estável U2OS
Lentivírus shC9	Sigma Aldrich	Derivação de linhas estáveis de iPSC
Lentivírus shCTL	Sigma Aldrich	Derivação de linhas estáveis de iPSC
Cocktail de vírus Cytotune Sendai	Thermo Fisher Scientific	Reprogramação de fibroblastos
pCXLE-hOCT3/4-shp53-F	Addgene	Reprogramação LCL
pCXLE-hSK	Addgene	Reprogramação LCL
pCXLE-hUL	Addgene	Reprogramação LCL
pcDNA3.1-NANOG	Addgene	Reprogramação LCL
Análise de ADN e ARN		
Mistura principal TaqMan	Thermo Fisher Scientific	PCR quantitativa
Mistura principal SYBR Green	Thermo Fisher Scientific	PCR quantitativa
FastStart Taq Polimerase	Sigma Aldrich	PCR com primário de repetição
Kit Epimark 5mc e 5hmC	Biolabs de Nova Inglaterra	Análise da hidroximetilação do ADN
qScript Supermix	VWR	Síntese de cDNA
Mistura Amplidex PCR	Asuragen	Repetição da avaliação do FMR1
Kit Células para TC	Thermo Fisher Scientific	Ecrã de expressão genética
Reagentes diversos		
Polibreno	Sigma Aldrich	Transdução Lentiviral
Timidina	Sigma Aldrich	Paragem do ciclo celular
Leptomicina B	Sigma Aldrich	Ensaio NCT
Lipofectamina 2000	Thermo Fisher Scientific	Transfecção
Kit Nucleofector	Lonza	Electroporação
Concentrador LentiX	ClonTech	Produção Lentiviral
Enzima de restrição HhaI	Biolabs de Nova Inglaterra	Análise da metilação do ADN
Enzima de restrição XbaI	Biolabs de Nova Inglaterra	Análise da metilação do ADN
RNase H	Biolabs de Nova Inglaterra	DRIP
7-deaza-2-deoxi GTP	Biolabs de Nova Inglaterra	PCR com primário de repetição

2.2 Métodos

2.2.1 Linhas celulares de doentes

Os linfócitos primários (células B) foram isolados a partir do sangue de indivíduos com consentimento da nossa população de doentes com C9-ALS. A cultura e a imortalização foram efectuadas utilizando métodos padrão [105,106]. Os fibroblastos FXS primários (GM09497, GM05848) e os linfócitos (GM09237) foram encomendados ao Coriell Institute Biorepository. A linha de células estaminais embrionárias FXS (WCMC-37, registo NIH n.º 0211) foi obtida do Joan & Sanford I. Weill Medical College da Cornell University, com a aprovação do Embryonic Stem Cell Research Oversight Committee (ESCRO) da University of Miami. A transferência de todos os tecidos e linhas celulares foi efectuada ao abrigo de protocolos aprovados pelo IRB da Universidade de Miami.

2.2.2 Amostras de cérebro

Para o estudo C9-ALS, todos os participantes ou familiares autorizados deram o seu consentimento informado por escrito, após o que foram efectuadas autópsias na Clínica Mayo, em Jacksonville. Foram efectuadas análises post-mortem para confirmar o diagnóstico patológico de ELA, e as análises genéticas confirmaram uma expansão da repetição C9ORF72 em cada caso incluído neste estudo. Os tecidos cerebrais post-mortem dos doentes com FXS e FXTAS foram obtidos no UC-Davis MIND Institute e no University of Maryland Brain and Tissue Bank; os tecidos cerebrais post-mortem de controlo saudável foram fornecidos pelo Harvard Brain Tissue Resource Center do McLean Hospital. Foram colhidos 50100 mg de tecidos cerebrais humanos post-mortem congelados do hipocampo de cada caso, após o que o ADN foi extraído utilizando o QIAamp DNA Mini Kit® (Qiagen #51306), de acordo com as instruções do fabricante.

2.2.3 Reprogramação de linfócitos imortalizados

Os linfócitos imortalizados foram incubados em meio StemPro-34 suplementado com citocinas: SCF (100ng/mL), IL-3 (50ng/mL), e GM-CSF (25ng/mL) durante 3 dias. Dois milhões de células foram electroporadas utilizando o Lonza Nucleofector Kit, e 2µg de plasmídeos epissomais pCXLE-hOCT3⁄4-shp53-F (Addgene ID 27077), pCXLE-hSK (27078), pCXLE-hUL (27080), e pCDNA3.1-Nanog (28221). Após a transfecção utilizando o sistema 4D-NucleofectorTM (programa EO-100), as células foram semeadas numa monocamada de células de alimentação de fibroblastos embrionários de ratinho. No dia seguinte, o meio foi substituído por meio N2B27 durante uma semana antes de mudar para o meio mTeSR. As células foram cultivadas durante mais duas semanas; as colónias emergentes foram colhidas manualmente e expandidas em placas revestidas com

Matrigel® sem alimentador.

2.2.4 Diferenciação dos neurónios motores

Os neurónios motores foram diferenciados de acordo com os nossos métodos previamente publicados [107]. Resumidamente, as colónias de iPSC foram cultivadas em meio de células estaminais neurais em frascos de fixação ultra-baixa. Após a formação de esferas de precursores neurais, as células foram colocadas em placas revestidas com poli-L-ornitina/laminina e mantidas com meio de indução neuronal durante pelo menos um mês para obter neurónios motores terminalmente diferenciados. As células estaminais pluripotentes induzidas foram derivadas de fibroblastos primários de doentes ou de linfócitos imortalizados utilizando um protocolo previamente publicado [107,108]. As iPSCs e as hESCs foram orientadas para células estaminais neurais através da cultura em frascos de fixação ultra-baixa com meios Neurobasal suplementados com 2% de B27, 100ng/mL de βFGF, 100ng/mL de EGF e 5µg^L de heparina. Para a diferenciação neuronal, as células neurais

As esferas precursoras foram colocadas em placas revestidas com poli-L-ornitina / laminina em DMEM / F12 com 2% B27, 1% N2, 10ng/mL BDNF, 10ng/mL GDNF, 1µM cAMP e 200ng / mL de ácido ascórbico por um período mínimo de 30 dias.

2.2.5 Imunocitoquímica

As células foram fixadas com paraformaldeído a 4% e bloqueadas com um tampão (PBS, 1% de BSA, 0,02% de azida de sódio) contendo soro de cabra (20%). Para a deteção de marcadores intracelulares, as células foram permeabilizadas com Triton-x100 (0,03%) durante 1 hora e incubadas com anticorpos primários Oct4, Nanog, Sox2, TRA-1-81, SSEA4 (Cell Signaling Technology 9656), Nestin (Abcam ab6142), Tuj1 (Sigma- Aldrich T8578) e Isl1 (Millipore Ab4326) durante a noite a 4°C. No dia seguinte, as células foram lavadas três vezes com PBS e incubadas com anticorpos secundários (1:1000) durante 2 horas à temperatura ambiente. As células foram contra-coradas com DAPI durante 30 minutos e observadas por microscopia fluorescente. As culturas neuronais foram fixadas em paraformaldeído a 4% à temperatura ambiente durante 10 minutos, bloqueadas em tampão de anticorpos com 20% de soro de cabra, permeabilizadas com 0.2% de Triton X-100TM e incubadas na presença de anticorpos primários contra beta-III-tubulina (TUJ1, Sigma Aldrich T8578), cadeia pesada de neurofilamento (NFH, Abcam ab4680), proteína 2 associada aos microtúbulos (MAP2, Abcam 5392), sinapsina 1 (SYN1, Abcam ab8), NeuN (Millipore MAB77X) e transportador vesicular de glutamato 1 (VGLUT1, Synaptic Systems 135302) durante a noite a 4°C. No dia seguinte, as amostras foram lavadas 3 vezes com PBS e incubadas com anticorpo secundário (1:500) durante 2 horas. Foi efectuada a contracoloração com DAPI e as imagens foram obtidas utilizando microscopia confocal fluorescente.

2.2.6 Preparação e transdução de vírus

O empacotamento viral foi efectuado em células LentiX293 (Clontech 632180) após transfecção com a construção Lenti-HB9-GFP (Addgene ID 37080) e os plasmídeos de empacotamento lentiviral psPAX2 (12259) e pCMV delta R8.2 (12263). As preparações virais foram concentradas utilizando o concentrador LentiX (Clontech 631231) e tituladas por qPCR. As culturas neuronais derivadas de pacientes foram transduzidas a um MOI de 5 na presença de 2µg/mL de polibreno. As células que expressam GFP foram visualizadas 10 dias após a transdução por microscopia fluorescente.

2.2.7 Avaliação da expansão da repetição C9ORF72

Para avaliar a expansão da repetição hexanucelotídica do C9ORF72, utilizámos um ensaio de PCR com repetição premeditada na presença de 5% de dimetilsulfóxido e substituição completa de 7-deaza-2-deoxi GTP por dGTP, tal como referido anteriormente [10]. Os fragmentos de PCR foram analisados com o ABI3730 DNA Analyzer e o software GeneMapper. Para determinar o tamanho exato de um alelo expandido, foi efectuada uma análise Southern Blot utilizando métodos previamente descritos [109]. Resumidamente, 10 µg de ADN genómico foi digerido com XbaI e electroforizado em gel de agarose a 0,8%, seguido de transferência de ADN para uma membrana de nitrocelulose. A hibridação foi efectuada utilizando uma sonda marcada com digoxigenina, seguida de deteção através de anticorpo anti- digoxigenina e visualização com substrato CDP-star em película de autoradiografia.

2.2.8 PCR quantitativa sensível à metilação

Os níveis de metilação do promotor do C9ORF72 foram avaliados por digestão de restrição sensível à metilação, seguida de qPCR, tal como relatámos anteriormente [107]. Em cada fase da reprogramação e da especificação neuronal, o ADN genómico foi extraído das células e quantificado por espetrofotometria. Foram utilizados 100 ng de ADN para a digestão de restrição sensível à metilação com a endonuclease Hha1. Foram utilizados dois conjuntos de iniciadores no promotor C9ORF72: C9me (L/R: 5'CGGTAAAAACAAAATTTCATCCA / 5'GGGCAACTTGTCCTGTTCTT) abrange dois locais de restrição Hha1, e C9ec (L/R: 5'AGGAAAGAGAGGTGCGTCAA / 5'TCCTAAACCCACACCTGCTC) que se encontra muito próximo de C9me mas não abrange os locais HhaI e é utilizado como controlo endógeno.

2.2.9 Pirossequenciação por bissulfito

O ADN genómico (2µg) foi submetido a conversão por bissulfito e analisado por pirosequenciação (EpigenDx Inc.) para avaliar os níveis de metilação do promotor C9ORF72. A análise foi efectuada utilizando o sistema PSQTM96HS e primers personalizados desenvolvidos pela EpigenDx (ADS3232-FS1, ADS3232-FS2 e ADS3233-FS1). O ensaio abrange 18 dinucleótidos CpG no promotor e na região 5' não traduzida do C9ORF72 de -254 a +125 relativamente ao local de início da transcrição da sequência genómica humana (GRCh38:CM000671.2/Chr9(-)).

2.2.10 Avaliação da 5-hidroximetilcitosina do promotor C9ORF72

Para a quantificação relativa dos níveis de 5hmC e 5mC, utilizámos o kit de análise

EpiMark® 5- hmC e 5-mC (New England Biolabs E3317), de acordo com o protocolo do fabricante. Resumidamente, o kit distingue 5mC de 5hmC através da glicosilação de resíduos de 5hmC utilizando T4 β-glucosiltransferase, que bloqueia a atividade da endonuclease MspI nas sequências CCGG, mas não a atividade HpaII. Após digestão, foi efectuada uma PCR quantitativa para amplificar a região que contém o local de restrição MspI/HpaII e foram utilizados valores de quantificação relativos para calcular a abundância de 5hmC e 5mC. O ADN genómico (5µg) foi utilizado para a glucosilação. O ADN convertido foi então sujeito a digestão de restrição com endonucleases MspI ou HpaII durante 8 horas a 37°C e depois amplificado por qPCR utilizando o conjunto de iniciadores C9ec (sequência acima) e o conjunto de iniciadores C9epimark (L/R: 5'AAATTGCGATGACTTTGCAG / 5'ACTGCAAACCCTGGTAGG), que abrangem um local de reconhecimento CCGG MspI/HpaII.

2.2.11 PCR quantitativa

O isolamento do ARN foi efectuado utilizando o reagente Trizol® para a lise das células, seguido da adição de clorofórmio para facilitar a separação das fases. Os ARN na fase aquosa foram então purificados utilizando colunas RNeasy® (Qiagen) com tratamento com DNase na coluna, de acordo com o protocolo do fabricante. A transcrição inversa foi efectuada utilizando o kit qSCRIPT com priming aleatório. O cDNA foi amplificado para quantificar os RNAs TET1, TET2, TET3, FMR1 sense e antisense utilizando a mistura principal TaqMan® com conjuntos de iniciadores/sondas: Transcritos de TET1 (Hs00286756_m1), TET2 (Hs00325999_m1), TET3 (Hs00379125_m1), FMR1 (Hs00924547_m1) e FMR1-AS (Hs03680973_g1). A expressão da gliceraldeído 3-fosfato desidrogenase (GAPDH) foi utilizada como controlo endógeno e os níveis de expressão relativa foram calculados utilizando o método ΔΔCt. Para os estudos C9-ALS, as reacções foram realizadas utilizando ensaios TaqMan® para as variantes de transcrição C9ORF72 V1, V2, V3 (Hs00376619_m1), C9ORF72 V1, V3 (Hs00331877_m1),

5'CGGTGGCGAGTGGATATCTC / 5'TGGGCAAAGAGTCGACATCA/ 5'TAATGTGACAGTTGGAATGC), GAPDH do rato (Mm99999915_g1), beta-actina (Mm00607939_s1), 18S eucariótico (Hs99999901_s1) e GAPDH humana (Hs02758991_g1). Os valores de quantificação relativa foram calculados utilizando um método de curva padrão, normalizado para o controlo endógeno.

2.2.12 PCR com primers de repetição FMR1 e eletroforese capilar

O tamanho das repetições foi avaliado utilizando uma PCR com primers repetidos seguida de eletroforese capilar, tal como referido anteriormente [110]. Resumidamente, foram amplificados 40 ng de ADN genómico utilizando o kit Asuragen Amplidex® PCR/CE com iniciadores marcados com FMR1-FAM, de acordo com o manual do fabricante. O produto amplificado foi então sujeito a desnaturação e adição de Hi-Di formamida e ROX-1007 ladder. Os produtos de PCR desnaturados foram visualizados utilizando o ABI3730 DNA Analyzer e o software GeneMapper. A genotipagem seguiu as diretrizes do American College of Medical Genetics [111] da seguinte forma: <45 repetições CGG foram classificadas como controlos não expandidos, enquanto 55-200 repetições CGG foram consideradas pré-mutação e >200 repetições CGG como alelos de mutação completa.

2.2.13 Avaliação da metilação do ADN do promotor FMR1

Utilizou-se o kit de análise EpiMark® 5-hmC e 5-mC para a quantificação relativa de 5hmC e 5mC, tal como referido anteriormente [108]. A QPCR foi efectuada utilizando dois conjuntos de iniciadores que abrangem cada um dos locais de restrição MspI/HpaII localizados a -431, -344, - 44, +6, +359 e +667 pares de bases relativamente ao local de início da transcrição do FMR1. As sequências dos iniciadores foram as seguintes -431bp (F/R: 5'CCTATTCTCGCCTTCCACTC/ 5'GGTCTGGGTTTGGTTTGTTTGGGGTTTGGGTTTG); -344 pb (F/R: 5'AGAGGCCGAACTGGGATAA/ 5'GCCAGAACGCCCATTTCT); -44 pb (F/R: 5'GGAGGGAACAGCGTTGA/ 5'CTGACTGAGGCCGAACC); +6 pb (F/R:

5'GTGACGTGGTTTCAGTGTTTAC/ 5'CTCCACCGGAAGTGAAACC); +359pb (F/R: 5'CCCTTCCTTCCCTCCCTTT/ 5'CCAAGTCCAGTCCTTCCCTCT); +667pb (F/R: 5'CCGAAATCGGCGCGCTAAGT/ 5'CAACTACCCACACGACAGG). Os níveis relativos de 5hmC e 5mC foram calculados de acordo com o protocolo do fabricante.

2.2.14 Pirosequenciação por bissulfito assistida por TET (TAB-seq)

Para distinguir os nucleótidos 5mC e 5hmC, utilizámos o TAB-seq, que utiliza a proteção da glucose dos resíduos 5hmC, a conversão mediada por TET dos resíduos 5mC e a conversão por bissulfito [112]. O ADN genómico (2µg) foi submetido a uma reação de glicosilação seguida de tratamento com a enzima TET. Posteriormente, a conversão por bissulfito e a pirosequenciação foram efectuadas pela EpigenDx Inc. para avaliar os níveis de metilação do promotor FMR1. A análise foi efectuada utilizando o sistema PSQTM96HS e primers personalizados fornecidos pela EpigenDx (ADS1451FS1 e ADS1451FS2). Os ensaios abrangem 22 dinucleótidos CpG no promotor, de -294 a +155, relativamente ao local de início da transcrição da sequência genómica humana.

2.2.15 Seleção de núcleos

Os núcleos neuronais foram extraídos de acordo com o protocolo de triagem ativado por fluorescência adaptado de Jiang et al. [113]. Os núcleos foram ditados em solução de lise hipotónica e purificados por centrifugação de 2,5 horas a 107.000 rcf a 4°C. O pellet de núcleos foi então ressuspenso em 300 µl de PBS, 100µl de mistura de bloqueio (contendo 0,10% de soro de cabra normal e 0,5% de BSA) e 1,2 µl de um anticorpo anti-NeuN conjugado com Alexa 488 (Millipore MAB377X). As amostras foram incubadas durante 45 minutos com rotação no escuro a 4°C. Os núcleos foram então separados utilizando um classificador de células citométrico de fluxo BD FACS Aria-IIu. As fracções de núcleos NeuN positivos (neuronais) e negativos (não neuronais) foram sedimentadas por centrifugação a 1 800 rcf durante 15 minutos a 4°C e ressuspensas em tampão de dissolução (10 mM Tris, pH 7,5; 4 mM $MgCl_2$; e 1 mM $CaCl_2$).

2.2.16 Paragem do ciclo celular

As células foram imobilizadas na fase S do ciclo celular utilizando um bloco único de timidina, de acordo com a prática habitual [107]. Especificamente, as células foram tratadas com 2 mM de timidina durante 18h antes da extração de ADN e da avaliação da hidroximetilação do ADN.

2.2.17 Ratos C9-BAC

Os animais utilizados no presente estudo foram previamente descritos [92]. Resumidamente, um BAC contendo a sequência humana de um doente com C9-ALS, desde o promotor do gene até ao exão 6, foi inserido no genoma do ratinho utilizando métodos transgénicos padrão. Todos os procedimentos experimentais que envolveram ratos transgénicos foram realizados de acordo com as diretrizes do Comité Institucional de Cuidados e Utilização de Animais da University of Miami Miller School of Medicine.

2.2.18 PCR digital de gotículas (ddPCR)

Para a expressão de genes, 500 ng de ARN total foram utilizados numa reação de 20 µl para gerar ADN complementar (cDNA) utilizando hexâmero aleatório e transcriptase reversa MultiScribe (High capacity RNA-to-cDNA Kit, Life Technologies). Depois de diluir o cDNA 1:1,25, 2µl foram carregados numa reação de 20µl contendo ddPCR Supermix for Probes (nodUTP) (Bio-Rad, Gladesville, NSW, Austrália) e 1 µl de primers que amplificam os três transcritos de C9ORF72 (Hs00376619_m1, Life Technologies). A amostra de 20 µl, juntamente com 70 µl de óleo ddPCR, foi carregada num cartucho DG8 e coberta com uma junta de acordo com as instruções do fabricante; o cartucho foi então colocado num gerador de gotículas QX100. Foram então transferidos 40µl de amostra para uma placa de PCR de 96 poços e colocados num termociclador PCR normal (Eppendorf, North Ryde, NSW, Austrália). A placa foi então colocada no leitor QX100 ddPCR (Bio-Rad, Gladesville, NSW, Austrália) para quantificação absoluta.

2.2.19 Análise da variação do número de cópias (CNV)

Os cérebros do rato C9ORF72 foram congelados e cortados numa secção sagital para extrair ADN. O tecido foi lisado durante a noite a 55°C, tratado com RNAse e eluído de acordo com as instruções do fabricante (Gentra Puregene Tissue Kit, Qiagen). O DNA foi diluído para 20ngφl e 2µl foram adicionados à mistura principal de ddPCR juntamente com 1µl de cada primer/sonda. Sequências de iniciadores e sondas utilizadas para o genoma humano C9ORF72 (L/R/Sonda: 5'AAGGCACAGAGAGAATGGAAG / 5'AGGCTTATTCGTATGTCTCCAAG/5'AGGTTGATGGCTACATTTGTCAAGGC) e para o genoma diploide EIF2C1 do ratinho (L/R/Probe: 5'CCTGCCATGTGGAAGATGAT / 5'GAGTGTGGTGGCTGGGATTTA / 5'TGGGGAGAGCTGGGAGCCAG).

2.2.20 Geração de uma linha de iPSC com depleção de C9ORF72

Anteriormente, gerámos várias linhas de iPSC derivadas de doentes com ELA [108]. Uma destas linhas foi transduzida com um vetor lentiviral (Sigma-Aldrich, SHCLNV-NM-018325, clone TRCN0000148881) que exprime um gene de resistência à puromicina e um pequeno RNA em cadeia (shRNA) que tem como alvo as três variantes de transcrição C9ORF72. A transdução de iPSCs (MOI=3) foi efectuada na ausência de polibreno. A seleção foi realizada na presença de puromicina (1µg/ml) por 10 dias; as colônias sobreviventes foram expandidas e usadas para diferenciação neuronal motora.

2.2.21 Imunoprecipitação ADN-ARN (DRIP)

O protocolo DRIP foi adaptado de Loomis et al. [114] com algumas modificações. Aqui, $5x10^6$ células foram lisadas com SDS 0,5% e tratadas com 400 unidades de proteinase K a 37°C durante a noite. No dia seguinte, a extração de ADN foi realizada utilizando a precipitação padrão de fenol/clorofórmio/isopropanol. Cinquenta microgramas de DNA foram digeridos com EcoR1, HindIII, BsrGI e XbaI (20 unidades cada) a 37°C durante 1 hora. Em seguida, as amostras foram incubadas na presença do anticorpo S9.6 (Kerafast ENH001) durante 2 horas a 4°C com inversão. Como controlo, as amostras foram tratadas com 25 unidades de

RNase H (ThermoFisher Scientific #EN0201) durante 6 horas a 37°C. Após DRIP, o ADN foi precipitado com isopropanol e utilizado para PCR quantitativa com primers que amplificam uma região a montante (L/R: 5'AAGAGCAGGTGTGGGTTTAG / 5'GAGTACTGTGAGAGCAAGTAGTG) e a jusante (L/R: 5'CTCAGAGCTCGACGCATTT / 5'CAATTCCACCAGTCGCTAGA) da expansão da repetição hexanucleotídica C9ORF72.

2.2.22 Avaliação da metilação da repetição C9ORF72 GGGGCC

Para medir a metilação do HRE do C9ORF72, combinámos a digestão de restrição sensível à metilação HpaII com o ensaio de PCR com repetição premida na presença de 5% de dimetilsulfóxido e a substituição completa de 7-deaza-2-deoxi GTP por dGTP, conforme descrito anteriormente [108]. Os fragmentos de PCR foram analisados com o ABI3730 DNA Analyzer e o software GeneMapper. Os valores da área sob a curva (AUC) foram calculados para picos superiores a 150 pares de bases. A AUC das amostras digeridas foi normalizada para a AUC dos controlos não cortados para calcular a percentagem de metilação do ADN da sequência HRE.

2.2.23 Imunoprecipitação da cromatina (ChIP)

A imunoprecipitação de H3K9me3 foi efectuada tal como referido anteriormente [107]. Resumidamente, 50 mg de tecido cerebral foram cortados em pequenos pedaços e reticulados em formaldeído a 1% durante 10 minutos e arrefecidos com glicina 0,125 M durante 5 minutos à temperatura ambiente. Procedeu-se à sonicação durante 5 minutos, utilizando o sistema de sonicação Bioruptor UCD200 regulado para a posição alta. Os lisados foram então transferidos para um tubo contendo Protein G Dynabeads preparados com um anticorpo anti-H3K9me3 (Abcam ab8898), ou IgG de coelho de controlo, e incubados durante a noite a 4°C com rotação. No dia seguinte, foram efectuadas lavagens rigorosas e as amostras foram ressuspensas em 150 µL de tampão de eluição constituído por 1% de SDS, 0,1 M de NaHCO3, 0,2 M de NaCl e incubadas a 65°C durante a noite. No dia seguinte, as amostras foram descoladas por tratamento com 50 µL de proteinase K e incubadas a 42°C durante 2 horas. O ADN genómico descruzado foi isolado utilizando o kit de purificação QiaQuick PCR (Qiagen #28104) de acordo com as instruções do fabricante. A PCR quantitativa foi efectuada utilizando dois conjuntos de iniciadores: C9.A (L/R: 5'ACTCGCTGAGGGTGAACAAG / 5'TCCTGAGTTCCAGAGCTTGC) e C9.B (5'AAGAGCAGGTGTGGGTTTAG / 5'GAGTACTGTGAGAGCAAGTAGTG).

2.2.24 Imunodoseamento de poli(GP)

Os tecidos cerebrais inteiros de C9-BAC foram liofilizados em tampão contendo 50 mM Tris-HCl, pH 7,4, 300 mM NaCl, 1% Triton X-100, 2% dodecil sulfato de sódio, 5 mM EDTA, bem como inibidores da protease (EMD Millipore) e da fosfatase (Sigma-Aldrich). Após a sonicação, as amostras foram centrifugadas a 16.000 x g durante 20 minutos a 4°C e os sobrenadantes recolhidos. A concentração proteica dos lisados foi determinada pelo ensaio BCA (Thermo Scientific). Os níveis de poli(GP) nos lisados foram medidos utilizando um imunoensaio em sanduíche previamente descrito que utiliza a tecnologia de deteção por electroquimioluminescência Meso Scale Discovery (MSD) [115]. Os lisados foram diluídos em solução salina tamponada com Tris (TBS) e testados utilizando 43 µg de proteína por poço em poços duplicados. Foram utilizadas diluições seriadas de (GP)8 recombinante em TBS para preparar a curva padrão. Os valores de resposta correspondentes à intensidade da luz emitida após estimulação eletroquímica da placa de ensaio utilizando o MSD QUICKPLEX SQ120 foram adquiridos para interpolação dos níveis de poli(GP) utilizando a curva padrão.

2.2.25 Rastreio de células para CT

Adaptámos o protocolo do fabricante (Ambion) por miniaturização, a fim de utilizar o kit Cells-to-Ct para analisar a expressão genética num formato de 384 poços. Os neurónios motores iPSC derivados de pacientes (10.000 células em volume de 25µL) foram colocados em placas de 384 poços Cell-Bind (Corning) revestidas com PLO/Laminina e deixados a aderir e a recuperar durante a noite. No dia seguinte, o composto foi dissolvido em 5 µl de HBSS e aplicado num volume total de 30 µl a uma concentração final de 10 µM e depois incubado durante 48 horas. A expressão dos genes foi avaliada utilizando o kit Cell-to-Ct e os ensaios Taqman inventariados para C9ORF72 e o controlo endógeno, GAPDH. Os dados brutos foram recolhidos utilizando a máquina de PCR em tempo real 7900HT e foram calculados os valores de quantificação relativa.

CAPÍTULO 3

A metilação do ADN no locus C9ORF72 expandido é adquirida durante o desenvolvimento

3.1 Resumo

Com este objetivo, estudei a metilação do ADN do promotor do C9ORF72 através da diferenciação de células estaminais pluripotentes induzidas derivadas de doentes em neurónios motores. Esta abordagem dá-me a oportunidade de voltar atrás no desenvolvimento e estudar a formação de marcas epigenéticas no promotor C9ORF72, uma vez que as iPSCs serão diferenciadas em neurónios motores. A minha hipótese é que a metilação do ADN no promotor do C9ORF72 será apagada durante a reprogramação e readquirida durante a diferenciação neural. O mecanismo através do qual estas marcas epigenéticas são adquiridas também não é claro e aqui testei a minha hipótese de que a metilação do ADN no promotor do C9ORF72 é adquirida através da formação de um duplex de ADN-ARN associado a repetições no local do gene. Utilizei também um modelo de rato transgénico de C9-ALS para investigar se as caraterísticas epigenéticas do locus C9ORF72 expandido são recapituladas neste modelo. Os meus dados mostram que os níveis de metilação do ADN no locus C9ORF72 são drasticamente reduzidos na geração de iPSC e readquiridos durante a especificação dos neurónios motores nas células derivadas de doentes com C9-ALS. Esta observação sugere que a metilação do ADN no promotor C9ORF72 é adquirida durante o neurodesenvolvimento precoce e prova que as iPSCs são um sistema modelo valioso para examinar a heterocromatinização do C9ORF72. Além disso, concluo que os duplexes de ADN-ARN podem não ser necessários para a aquisição de hipermetilação do ADN no locus expandido C9ORF72. Mostro que, apesar da sua presença no promotor C9ORF72 de

Nas células derivadas de doentes com C9-ALS, a inibição da formação de híbridos ADN-ARN não é suficiente para impedir a aquisição de hipermetilação do ADN. Por fim, determinei que as perturbações epigenéticas observadas nos doentes com C9-ALS, como a metilação aberrante do ADN e das histonas, também são observadas nos ratinhos transgénicos portadores do locus C9ORF72 humano expandido.

3.2 Resultados

3.2.1 Reprogramação e diferenciação neuronal de células derivadas de pacientes ALS

Identificámos um indivíduo na nossa população de doentes cujas linhas celulares de fibroblastos e de linfócitos imortalizados mantinham uma hipermetilação estável do promotor [107]. Embora ambas as linhas celulares derivadas deste doente estivessem hipermetiladas, os linfócitos imortalizados gerados pelo método padrão do vírus Epstein-Barr (EBV) [105,106] possuíam um HRE maior, conforme determinado pela análise de southern blot [107]. Por conseguinte, utilizámos células de linfócitos imortalizadas para gerar iPSCs. A observação de que os fibroblastos tendem a ter repetições mais pequenas sugere algum grau de contração de repetições somáticas neste tipo de células, ou que os fibroblastos com repetições mais pequenas têm uma vantagem selectiva in vitro [109]. Foram gerados dois clones diferentes de iPSC derivadas de linfócitos (#1, #2) do mesmo doente com C9ORF72-ALS, um dos quais (#1) foi utilizado para gerar neurónios motores. Para estabelecer uma linha de células de controlo negativo e atenuar a variabilidade resultante do tipo de células primárias, do método de reprogramação ou da presença de uma mutação de expansão repetida, reprogramámos linfócitos imortalizados de um indivíduo afetado pela síndrome do X-frágil que não abriga uma expansão repetida no locus C9ORF72. Utilizando plasmídeos epissomais sem integração para expressar os factores Yamanaka essenciais, conseguimos gerar iPSCs que expressam os marcadores de pluripotência OCT4, NANOG, TRA-1-81 e SSEA4 (Figura 3.1 A, B). A expressão dos marcadores de pluripotência foi também confirmada por PCR quantitativo (qPCR) (Figura 3.2 A). Para garantir que as cassetes de EBV se perdiam após passagens em série de iPSCs, avaliámos os níveis de ARN do EBNA-1 e confirmámos a sua ausência nas iPSCs após 7 passagens (Figura 3.3). Métodos semelhantes e a perda de plasmídeos auto-replicantes do EBV em culturas de iPSCs foram relatados anteriormente [116,117].

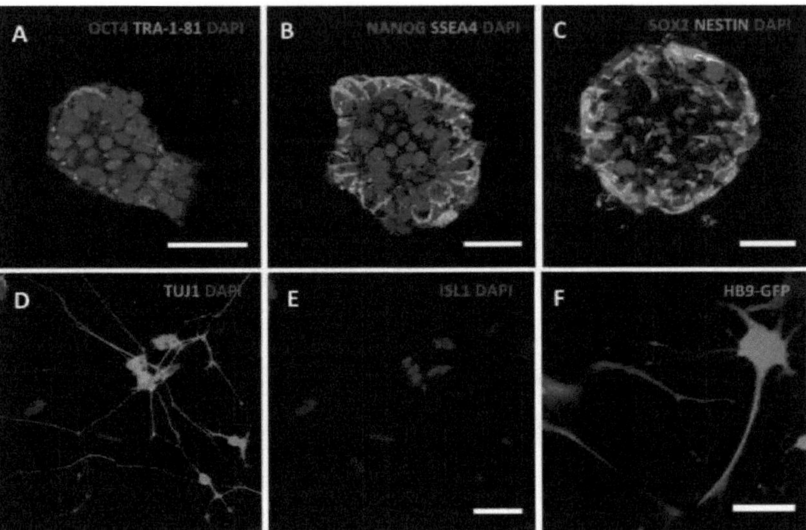

Figura 3.1. Caracterização de iPSCs, NPCs e neurónios motores derivados de doentes. Análise de imunofluorescência dos marcadores de pluripotência Oct4, TRA-1-81, Nanog e SSEA4 em colónias de iPSC (A, B), dos marcadores de células estaminais neurais Sox2 e Nestin em células precursoras neurais (C), do marcador neuronal beta-III-tubulina (Tuj1) (D) e do marcador específico de neurónios motores ISL1 em culturas neuronais (E). Neurónios motores, diferenciados durante 4 semanas, visualizados no dia 5 após a transdução de HB9-GFP lentiviral (F), barra de escala = 50µm.

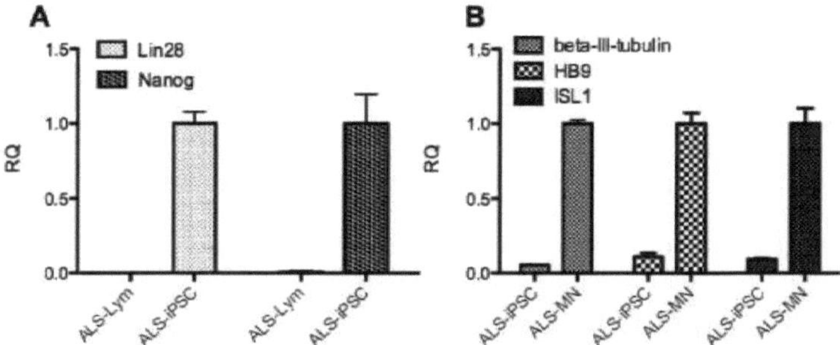

Figura 3.2. Os genes de pluripotência e neuronais são regulados positivamente em culturas de iPSC e neuronais. A expressão de marcadores de pluripotência (A) e neuronais (B) ao nível do ARN foi medida por PCR quantitativo. Os valores de quantificação relativa (RQ) são apresentados como média + DP (n=3).

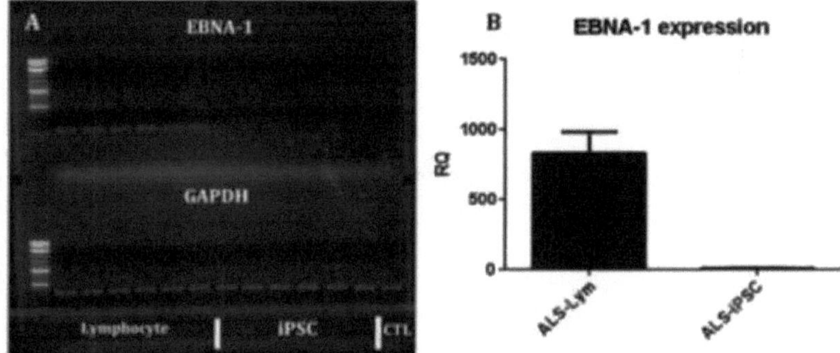

Figura 3.3. Expressão do gene EBNA-1 do EBV nos linfócitos C9-ALS e nas células estaminais pluripotentes induzidas. O ARNm do EBNA-1 era indetetável nas iPSCs após 7 passagens. Os valores de quantificação relativa (RQ) são apresentados como média, as barras representam SD (n=3).

Para examinar a aquisição da hipermetilação do promotor do C9ORF72 durante o neurodesenvolvimento, gerámos células precursoras neurais (NPCs) e neurónios motores terminalmente diferenciados a partir de iPSCs num protocolo de diferenciação em duas fases, tal como relatámos anteriormente [107]. A expressão dos marcadores celulares NPC Nestin e Sox2 foi confirmada por imunodetecção (Figura 3.1 C), enquanto a especificação do neurónio motor foi confirmada pela expressão do marcador neuronal citoesquelético TUJ1 e ISL1, que se localiza no núcleo e perinúcleo dos neurónios motores (Figura 3.1 D, E). Foi obtida uma confirmação adicional da especificação dos neurónios motores utilizando um vetor lentiviral que codifica um gene repórter da proteína fluorescente verde (GFP), impulsionado pelo promotor do gene Homebox específico dos neurónios motores, HB9, tal como referido anteriormente [118] (Figura 3.1 F). A expressão endógena de Tuj1, Isl1 e HB9 foi aumentada em culturas de neurónios motores relativamente a iPSCs (Figura 3.2 B). A expansão da repetição C9ORF72 foi mantida ao longo da reprogramação e da especificação dos neurónios motores, conforme determinado pela análise do Southern Blot

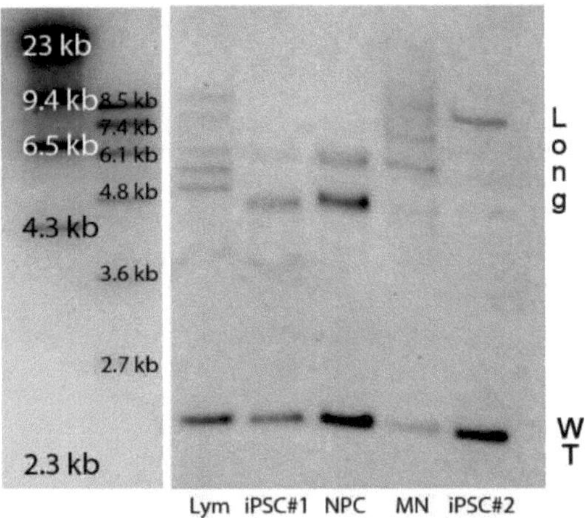

(Figura 3.4) e pela PCR com primers de repetição (Figura 3.5). Curiosamente, o tamanho da repetição variou em diferentes tipos de células, indicando a instabilidade da repetição durante a especificação do neurónio motor, uma tendência que já foi relatada anteriormente [119].

Figura 3.4. A análise de southern blot do C9ORF72 HRE através da diferenciação neuronal. Bandas de ADN concisas demonstram a presença de alelos de tipo selvagem (WT) e de alelos longos expandidos em linfócitos de doentes com ELA (Lym), dois clones de iPSC (#1, #2), células precursoras neurais (NPC) e neurónios motores (MN). As NPCs e os MNs foram derivados do clone #1 de iPSC.

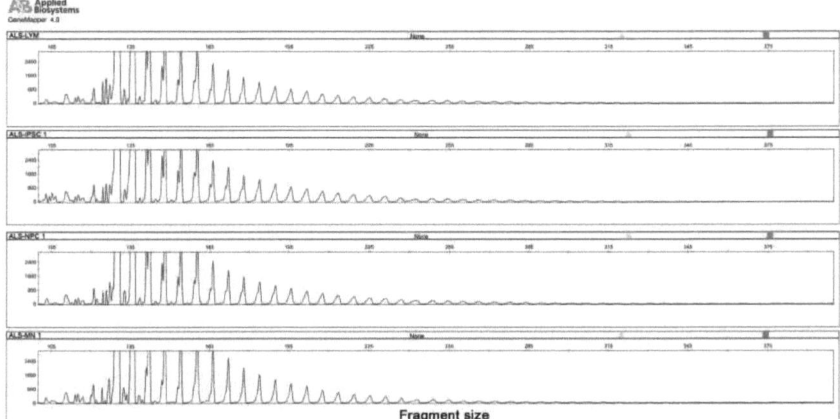

Figura 3.5. A análise de fragmentos de PCR com repetição premida confirma a presença da expansão da repetição de hexanucleótidos. A análise de fragmentos após a amplificação por PCR com repetição-primada da repetição C9ORF72 foi visualizada pelo GeneMapper. O locus expandido foi detetável em linfócitos de doentes com C9-ALS, iPSCs, NPCs e neurónios motores utilizados no estudo.

3.2.2 Avaliação da metilação do ADN específica do local no promotor C9ORF72 em quatro fases de diferenciação

Durante a reprogramação, o genoma sofre uma reorganização epigenética dramática, incluindo a reativação de genes de desenvolvimento essenciais, como OCT4 e NANOG, com repressão simultânea de genes específicos do tipo de célula [120,121]. Globalmente, a metilação do ADN é dramaticamente reduzida nas iPSCs [122]. Assim, colocámos a hipótese de que a hipermetilação 5mC das ilhas CpG no promotor do C9ORF72 seria reduzida nas iPSCs derivadas de doentes com ELA e readquirida durante a especificação do neurónio motor. Para testar a nossa hipótese, isolámos o ADN genómico de linfócitos imortalizados de doentes e dos seus derivados de iPSC, NPC e neurónios motores. Em seguida, utilizámos uma digestão de restrição HhaI sensível à metilação seguida de qPCR (mePCR) para avaliar os níveis de metilação do promotor C9ORF72 (Tabela 3.1). Uma vez que este método está limitado a dois locais HhaI dentro da ilha CpG, utilizámos também um método de pirosequenciação por bissulfito mais sensível e quantitativo para interrogar os níveis de 5mC em 18 locais CpG que abrangem a ilha CpG e o local de início da transcrição do

C9ORF72 nas proximidades (Tabela 3.2). Ambos os métodos confirmaram a redução da metilação de 5mC nas iPSCs e a subsequente aquisição de após a especificação do neurónio motor nas células de doentes com C9ORF72-ALS, ao passo que se manteve em níveis baixos nas células do X Frágil. Para investigar mais aprofundadamente a aquisição da metilação do promotor do C9ORF72 durante o neurodesenvolvimento, realizámos um estudo de curso temporal em que o ADN foi isolado de células de doentes com ELA e analisado por mePCR em intervalos de 24 horas durante a transição de iPSC para NPC (Figura 3.6 A). Logo no dia 1, os níveis de 5mC no promotor C9ORF72 aumentaram acima da linha de base e continuaram a aumentar à medida que as neuroesferas se desenvolviam. Para excluir a possibilidade de a metilação do promotor do C9ORF72 aumentar ao longo do tempo nas culturas de iPSC, independentemente da diferenciação neuronal, utilizámos o ensaio Hhal mePCR para avaliar os níveis de metilação do ADN ao longo de 5 passagens (Figura 3.6 B). Confirmámos que o nível de metilação do promotor do C9ORF72 é baixo e estável nas iPSCs e que a indução neuronal promove o seu aumento. Esta observação sugere que a metilação do ADN no promotor do C9ORF72 é adquirida durante o neurodesenvolvimento inicial. Tanto quanto sabemos, este é o primeiro estudo que utiliza uma abordagem de diferenciação de iPSC para investigar a aquisição da metilação do ADN do C9ORF72.

Tabela 3.1. Avaliação da metilação específica do local no promotor C9ORF72 utilizando PCR sensível à metilação do ADN. Níveis agregados de metilação do ADN (5mC+5hmC) em dois locais Hhal (-215 & -109) em linhas celulares derivadas de doentes e amostras de cérebro post-mortem.

Tipo de célula	5mC+5hmC %	Amostra de cérebro	5mC+5hmC %
ALS-Lym	19.9	C9 cérebro 44	39.5
ALS-iPSC-1	7.2	C9 cérebro 54	13.4
ALS-iPSC-2	13.9	C9 cérebro 56	9.5
ALS-NPC-1	15.3	C9 cérebro 48	5.6
ALS-MN-1	35.1	C9 cérebro 32	4.8
FXS-Lym	0.3	C9 cérebro 43	4.2
FXS-iPSC	0.3	CTL cérebro 1	3.3
FXS-NPC	0.3	CTL cérebro 2	3.2
FXS-MN	3.8	CTL cérebro 3	2.2
CTL-Baixo	6.1	CTL-Alto	100

Tabela 3.2. Análise por pirosequenciação do promotor C9ORF72 em células ALS e X frágil durante a reprogramação e a diferenciação. Mapa de calor que ilustra a quantificação da metilação da citosina em 18 locais CpG perto do local de início da transcrição do C9ORF72 utilizando a pirosequenciação por bissulfito.

PYRO	CpGl	CpG 2	CpG 3	CpG 4	CpG 5	CpG 6	CpG 7	CpG 8	CpG 9	CpG 10	CpG 11	CpG 12	CpG 13	CpG 14	CpG 15	CpG 16	CpG 17	CpG 18	Média
ALS-Lym	47.8	36.2	26.1	29.1	10.8	11.2	31.2	12.3	11.1	18.3	20.5	22.4	35.3	37.9	25	9.4	9.8	10.8	22.5
ALSiPSC-I	8.1	10.1	8.2	8.8	4.3	5.1	8.7	7.8	9.2	9.2	8.8	8.6	10.5	8.7	8	6.6	6.4	5.4	7.9
ALS-NPC-I	15.9	16.5	9.7	9.5	4.8	5.1	9.8	12	11.7	13.8	8.5	8.3	16.2	13.1	12.4	9.9	7.3	6.9	10.6
ALS-MN-I	32.5	31.4	29.2	29.9	20.8	18.4	28.3	28.5	30.2	32.9	32	29	35.7	33.2	31.1	25.9	18.4	21.1	28.2
Fx-Lym	0	1.9	0	2.4	1.6	0	0	0	0	2.7	1.8	1.9	2.4	2.4	0	0	3.3	0	1.1
FxiPSC	0	2.5	1.2	2.7	0	0	0	0	0	0	1.6	2.8	2.3	2.4	1.7	0	3.1	0	1.1
Fx-NPC	0	2.7	0	2.2	0	0	0	0	0	0	3	2.1	3.4	2.5	0	0	0	0	0.9
Fx-MN	0	2.7	1.4	2.1	0	0	0	0	0	0	1.9	2.9	3.2	1.9	0	0	2.6	0	1
Baixo controlo	1.5	2.9	3.3	3.5	0	0	0	0	2.8	0	2	3	7	6.1	1.9	0	0	0	1.9
Controlo elevado	91.8	54.5 -	81.2	95.7 -	94.6	79.2	84.8 -	75.1	83.6	87.3	91.5	88.2	97.6	85.7	85.7	79.7	90.8	84.7	85.1
CpG (a partir de TSS)	-254	215	-55	45	-36	-26	20	2	11	19	37	47	57	63	75	91	104	125	

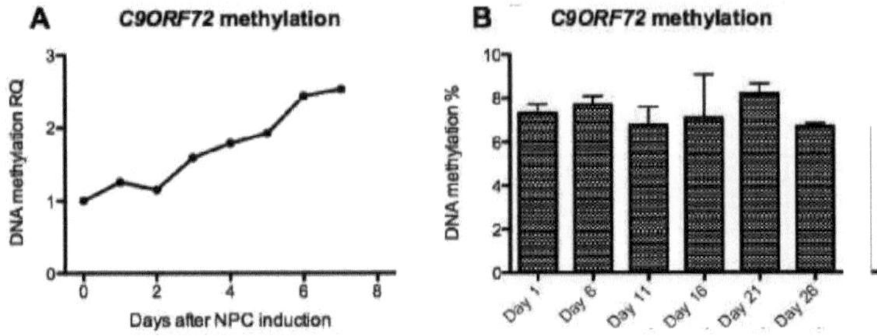

Figura 3.6. A indução neuronal promove a metilação do ADN no promotor do C9orf72 em iPSCs C9-ALS. Estudo do curso temporal da metilação do ADN em locais Hhal no promotor do C9orf72 durante a transição de iPSC para células precursoras neurais (NPC) efectuada durante uma semana após a indução (A). Curso temporal da metilação do promotor C9orf72 em culturas de iPSC-1 após passagens em série, conforme avaliado por qPCR sensível à metilação Hhal (B).

3.2.3 Híbridos ADN-ARN como potencial mecanismo de aquisição de metilação do ADN no promotor C9ORF72

De seguida, procurámos investigar um possível mecanismo de aquisição de metilação do ADN no promotor C9ORF72 de doentes com ELA. Por analogia com outros distúrbios de expansão repetida, tais como a Síndrome do X Frágil e a Ataxia de Freidriech [64,65], colocámos a hipótese de que os híbridos ADN-ARN ou R-loops formados por um transcrito C9ORF72 expandido levam ao silenciamento epigenético. No nosso relatório anterior, demonstrámos que as linhas de iPSC de um doente com ELA hipermetilada podem ser utilizadas como uma ferramenta para investigar a aquisição de metilação do ADN no promotor C9ORF72 [108]. Em particular, mostrámos que a metilação do ADN no promotor do C9ORF72 é apagada durante a geração de iPSC e depois readquirida durante a diferenciação neuronal. Para determinar se a hipermetilação do ADN do promotor do C9ORF72 ocorre através da formação de híbridos ADN-RNA, criámos uma linha estável de iPSC a partir de um doente com ELA hipermetilada que exprime um pequeno ARN em forma de grampo que tem como alvo as três variantes de transcrição do C9ORF72 (shC9) ou um controlo codificado (shCTL). Pensámos que a interrupção da formação do R-loop através da depleção dos mRNAs do C9ORF72 nas iPSCs impediria a hipermetilação do ADN após a diferenciação neuronal, à semelhança do que foi previamente demonstrado na síndrome do X Frágil [64]. Gerámos linhas celulares estáveis de iPSC que expressam as construções shC9 e shCTL e depois diferenciámos as células em neurónios motores utilizando os nossos protocolos publicados anteriormente [108]. Confirmámos a depleção eficiente de C9ORF72 nas linhas de iPSC shC9 utilizando qPCR (Figura 3.7 A). Em seguida, confirmámos a interrupção eficiente da formação de R-loop no locus C9ORF72 em neurónios motores shC9 utilizando imunoprecipitação DNA-RNA (DRIP) seguida de qPCR com primers para amplificar regiões a montante e a jusante do HRE (Figura 3.7 B,

C). Finalmente, a metilação do ADN no promotor do C9ORF72 nos neurónios motores foi avaliada em 16 dinucleótidos CpG individuais utilizando a pirosequenciação por bissulfito (Figura 3.7 D). Apesar do knockdown eficiente dos RNAs C9ORF72 e da interrupção dos R-loops, não observámos diferenças significativas nos níveis de metilação do DNA no promotor C9ORF72 entre os neurónios motores shC9 e shCTL. Estes resultados sugerem que os R-loops podem não ser necessários para a aquisição da hipermetilação do ADN associada ao HRE do C9ORF72.

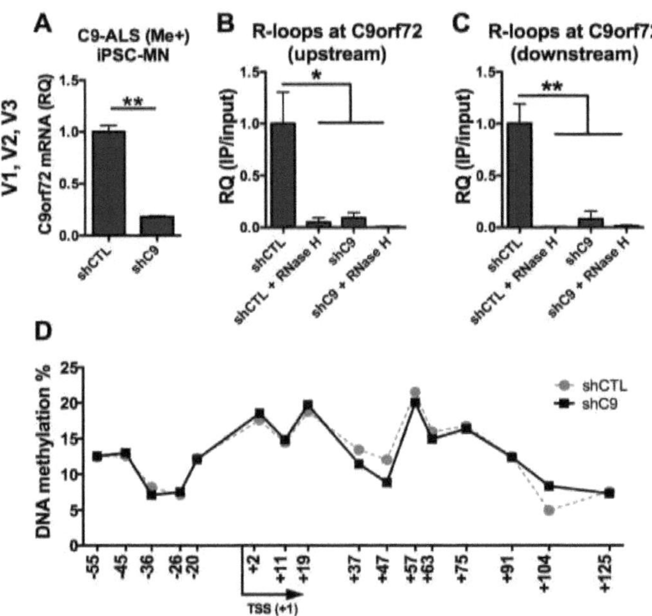

Figura 3.7. A metilação do ADN é adquirida independentemente da formação de híbridos ARN-ADN no locus C9ORF72. Quantificação relativa das três variantes de transcrição do C9ORF72 em neurónios motores derivados de iPSC que expressam de forma estável um shRNA específico do C9ORF72 (shC9) ou um CTL codificado (shCTL) (A). Imunoprecipitação de DNA-RNA no promotor C9ORF72 de neurónios motores shC9 e shCTL, a quantificação relativa foi medida utilizando dois conjuntos de primers, concebidos a montante (B) e a jusante (C) da expansão repetida, o tratamento com RNase H foi realizado antes do pull-down como controlo negativo. Os níveis de metilação do ADN no promotor do C9orf72 foram avaliados utilizando a pirosequenciação por bissulfito em 16 dinucleótidos CpG; as posições relativas ao local de início da transcrição estão indicadas no eixo x (D). A significância é indicada por $p<0{,}05$ * e $p<0{,}01$ **.

3.2.4 Caracterização epigenética e curso temporal do desenvolvimento do modelo de rato transgénico de C9-ALS

Neste estudo, foram avaliadas amostras de tecido de ratinhos de 7 grupos etários diferentes: semana pós-natal 0 (n=5), 2 (n=4), 7 (n=5), 17 (n=4), 30 (n=9), 36 (n=4) e 93 (n=9). A atividade e o estado epigenético do transgene C9ORF72 humano foram avaliados através da quantificação dos níveis de ARNm e da metilação de histonas no promotor do gene humano. Em primeiro lugar, medimos os níveis de ARNm do C9ORF72 humano no neocórtex de ratinhos C9-BAC em todos os grupos etários, utilizando a técnica de tempo real quantitativo. Foram utilizados três conjuntos de iniciadores para amplificar diferentes variantes de transcrição do ARNm do C9ORF72 humano (V1, V2 e V3), bem como três controlos endógenos (betaactina, GAPDH e 18S). Devido à variabilidade observada nos níveis de expressão de beta-actina nos grupos etários (Figura 3.8 A), utilizámos os valores médios de GAPDH e 18S para normalização. Verificámos que os níveis das três variantes de transcrição C9ORF72 são significativamente reduzidos nas primeiras semanas de idade pós-natal (Figura 3.9). Para confirmar os nossos resultados, efectuámos uma PCR quantitativa digital de gotículas (ddPCR) para quantificação absoluta dos níveis de C9ORF72 humano e observámos uma tendência semelhante (Figura 3.8 B). Esta observação sugere que a repressão epigenética parcial do transgene C9ORF72 no cérebro de ratinhos C9-BAC é regulada pelo desenvolvimento. Em seguida, utilizámos a imunoprecipitação da cromatina para isolar fragmentos de ADN ligados a H3K9me3 de amostras de cérebro de ratinhos C9-BAC com 0 e 7 semanas de idade. A H3K9me3 é uma marca epigenética repressiva que se correlaciona negativamente com as taxas de transcrição e é enriquecida na região promotora de alelos C9ORF72 expandidos em comparação com alelos não expandidos [34,107,123]. Utilizando dois conjuntos de primers diferentes (C9.A e C9.B), verificámos que os níveis de H3K9me3 no promotor do transgene C9ORF72 humano estavam significativamente aumentados no cérebro de ratinhos C9-BAC na semana 7 (Figura 3.9 D). O aumento de H3K9me3 indica que a repressão epigenética parcial do locus do gene mutante ocorre nas primeiras semanas de vida pós-natal.

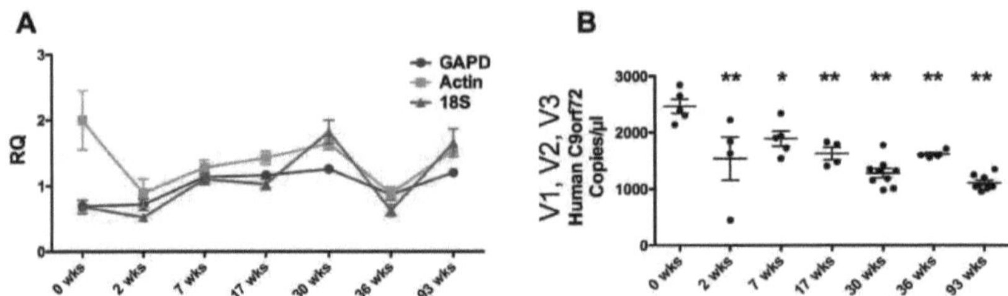

Figura 3.8. Validações do controlo endógeno e ddPCR. São apresentados os valores de quantificação relativa (RQ) da beta-actina de ratinho, da GAPDH e dos controlos endógenos 18S no córtex de ratinhos C9-BAC em diferentes grupos etários (A). Número absoluto de cópias de transcrições de C9ORF72 humano por microlitro em ratinhos C9-BAC, determinado por PCR digital em gotículas (B), ANOVA unidirecional (p<0,001) e teste de comparação múltipla de Bonferroni entre os grupos neonatal (0 semanas) e os restantes grupos etários, sendo a significância indicada por p<0,05 * e p<0,01 **.

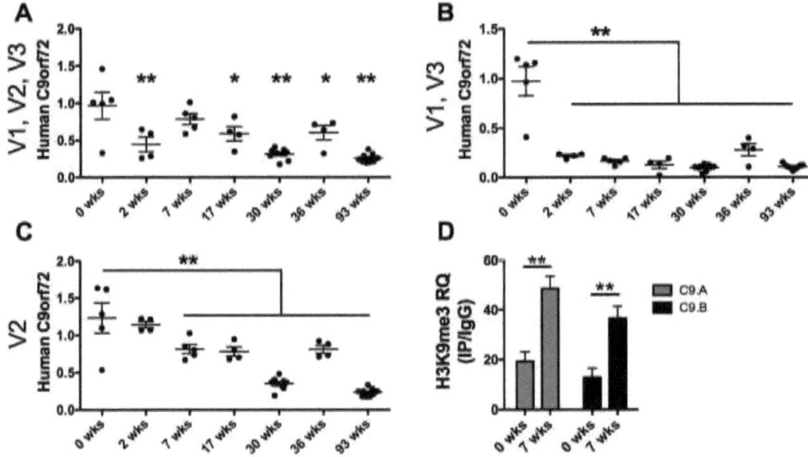

Figura 3.9. A transcrição de C9ORF72 diminui enquanto uma marca repressiva de metilação de histonas aumenta no cérebro de ratinhos C9-BAC durante as primeiras semanas pós-natais.

Os valores de C9ORF72 humano no córtex de ratinho BAC, normalizados para a média de GAPDH e 18S, são apresentados para primers que amplificam as variantes de transcrição V1, V2, V3 (A); V1, V3 (B) e V2 (C). Os grupos etários estão indicados no eixo x em semanas (wks). A média e o erro padrão da média (SEM) são indicados por barras longas e curtas, respetivamente. Para cada conjunto de primers, foi efectuada uma análise de variância unidirecional ($p<0,001$). O teste de comparação múltipla de Bonferroni foi efectuado entre os grupos neonatais (0 semanas) e os restantes grupos etários, sendo a significância indicada por $p<0,05$ * e $p<0,01$ **. Os níveis de H3K9me3 foram avaliados por imunoprecipitação da cromatina em tecidos cerebrais de ratinhos C9- BAC com 0 e 7 semanas de idade (n=5). Foram utilizados dois conjuntos de primers diferentes: C9.A e C9.B amplificando regiões dentro do promotor C9ORF72 humano. O enriquecimento relativo de H3K9me3 foi calculado por amplificação por PCR em tempo real de imunoprecipitantes (IP) relativamente às entradas e a um IP de controlo negativo IgG, $p<0,01$ ** (D). Em cerca de 30% de todos os casos de C9-ALS, os dinucleótidos CpG metilados no promotor do C9ORF72 ocorrem com maior frequência [14,37]. Esta hipermetilação do promotor está associada a um fenótipo modestamente atenuado, indicando que a repressão epigenética é clinicamente relevante [38,39]. Para avaliar os níveis de metilação do ADN no promotor do transgene C9ORF72, extraímos ADN do córtex de ratinhos C9-BAC e realizámos uma PCR sensível à metilação, tal como anteriormente referido [107]. Curiosamente, verificámos que, em três ratinhos adultos, o promotor do C9ORF72 estava hipermetilado, à semelhança do que ocorre num subconjunto de doentes humanos com C9-ALS (Figura 3.10 A). À semelhança dos doentes com C9-ALS, a hipermetilação do promotor C9ORF72 nos ratinhos C9-BAC era estável em diferentes regiões cerebrais (córtex e cerebelo) e tecidos somáticos (sangue e recortes da cauda) (Figura 3.10 B). Para confirmar estes resultados, utilizámos um método secundário para avaliar a metilação do ADN. Utilizando a pirosequenciação por bissulfito, medimos a metilação do ADN em 8 dinucleótidos CpG diferentes, localizados a montante e a jusante do local de início da transcrição (TSS) do promotor C9ORF72 humano (Figura 3.10 C). Além disso, eliminámos a possibilidade de o aumento dos níveis de metilação se dever ao número anormal de cópias do transgene C9ORF72 humano

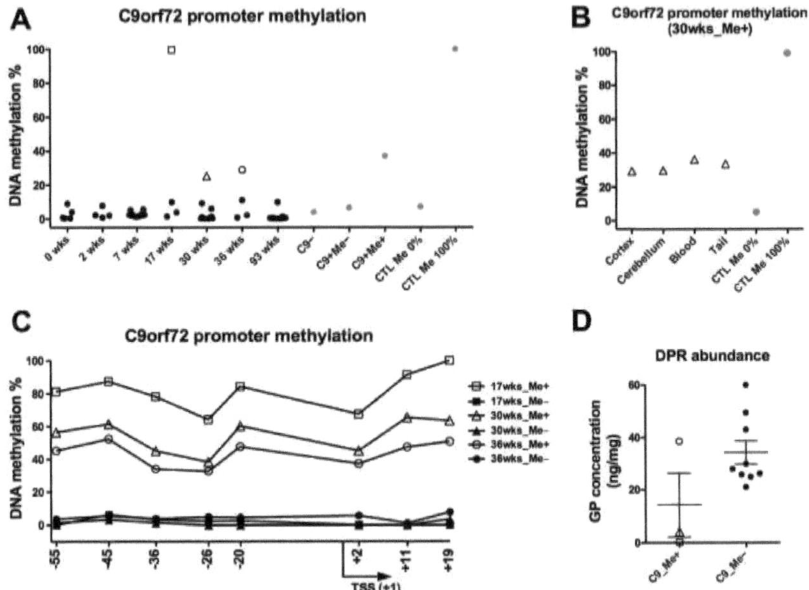

Figura 3.10. A hipermetilação do ADN no promotor expandido do C9ORF72 aparece numa fração de ratinhos adultos. Avaliação por PCR sensível à metilação do ADN específico do promotor humano C9ORF72 no córtex de ratinhos C9-BAC em sete pontos temporais, indicados em semanas (wks) de idade (A). Foram interrogados dois locais de restrição HhaI situados a -215 e -109 pares de bases do local de início da transcrição; os animais hipermetilados são indicados por formas abertas. Os controlos do ensaio (círculos cinzentos à direita) incluem ADN isolado de tecidos cerebrais post mortem de doentes com ELA com a expansão de repetições hexanucleotídicas (C9+) com (me+) ou sem (me-) hipermetilação do promotor, um indivíduo de controlo saudável não afetado (C9-) e ADN sintético enriquecido (CTL Me 100%) ou empobrecido em 5mC (CTL Me 0%). Os valores são apresentados em relação ao controlo sintético elevado, que é fixado em 100%. Avaliação da metilação do promotor C9ORF72 a partir do córtex cerebral, cerebelo, sangue e recortes da cauda de um ratinho hipermetilado com 30 semanas de idade, utilizando PCR sensível à metilação HhaI (B). Pirossequenciação por bissulfito do córtex cerebral de ratinhos C9-BAC com 17, 30 e 36 semanas de idade (n=2 por grupo etário) através de 8 dinucleótidos CpG no promotor humano C9ORF72; as posições relativas ao TSS são apresentadas no eixo x. Os símbolos preenchidos indicam amostras de animais hipermetilados (me+), os símbolos abertos são amostras de animais não metilados (me-) (C). Avaliação da Glicina-Prolina DPR de amostras de tecido cerebral completo de 3 animais hipermetilados (símbolos abertos) e amostras representativas não-metiladas (símbolos preenchidos) de ratinhos C9-BAC com 17, 30 e 36 semanas de idade (n=3 por grupo etário) (D). por análise de CNV (Figura 3.11). Os nossos dados demonstram que os ratinhos adultos do mesmo grupo etário podem apresentar níveis diferenciais de metilação do ADN no promotor do C9ORF72, reflectindo um fenómeno observado em doentes com C9-ALS. Para determinar se a hipermetilação do promotor afecta a produção de DPRs tóxicos, medimos em seguida os níveis de proteínas repetidas de glicina-prolina (GP) nos cérebros de 3 ratinhos C9-BAC hipermetilados e 9 não metilados (Figura 3.10 D). Os nossos dados indicam que existe uma tendência para a diminuição dos níveis de GP nos ratinhos hipermetilados. No entanto, são necessários mais estudos com um maior número de animais para investigar completamente o efeito da hipermetilação do ADN no promotor C9ORF72 na produção de DPR nestes ratinhos. De forma notável, os níveis de GP em ratinhos hipermetilados correlacionaram-se

negativamente com o percentil de metilação do ADN, conforme determinado pela análise de pirosequenciação por bissulfito de 8 dinucleótidos CpG (Figura 3.12). A qualidade do ajuste (R2) foi semelhante para cada um dos 8 CpGs, sugerindo que nenhum tem um papel regulador mais proeminente do que outros.

Figura 3.11. Análise da variação do número de cópias. Análise de CNV para o transgene C9ORF72 humano no córtex cerebral do ratinho C9-BAC com promotor hipermetilado (me+), não metilado (me-) e ratinho de tipo selvagem (WT).

A

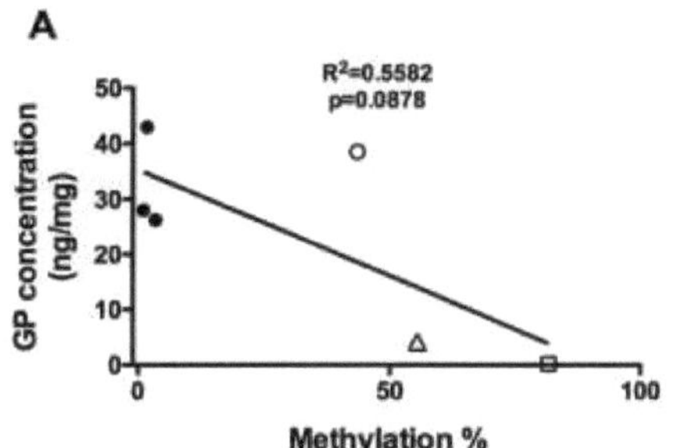

B

CpG (from TSS)	R Square	P value
-55	0.5525	0.0904
-45	0.5084	0.1117
-36	0.5884	0.0751
-26	0.5440	0.0943
-20	0.5424	0.0950
+2	0.5537	0.0898
+11	0.5750	0.0806
+19	0.5835	0.0770

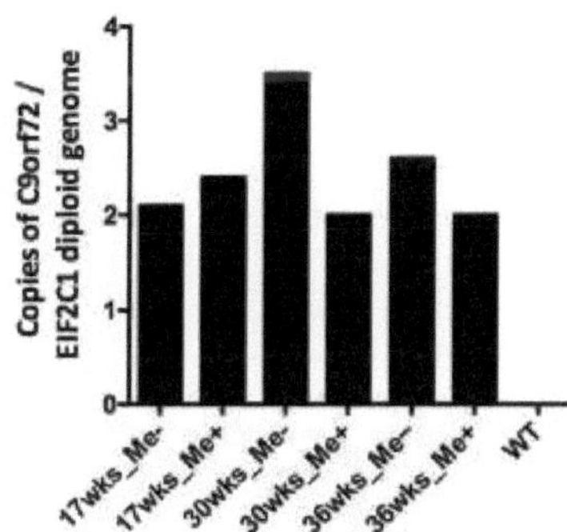

Figure 3.12. Correlação entre a metilação do ADN e os níveis de DPR. Análise de regressão linear do percentil médio de metilação do promotor C9ORF72 (determinado por pirosequenciação por bissulfito) e da abundância de dipeptídeos de glicina-prolina (A). Os valores de R quadrado e p para dinucleótidos CpG individuais estão indicados (B).

Anteriormente, Xi et al. relataram que o próprio HRE é metilado em todos os pacientes C9-ALS com o número de repetição patogénica [124], indicando uma resposta celular protetora. Curiosamente, os autores argumentam que a origem da hipermetilação do ADN começa no próprio HRE, mas, em alguns indivíduos, a metilação espalha-se a montante para a região promotora. Assim, procurámos determinar se a hipermetilação do HRE é recapitulada num modelo de ratinho C9-BAC de ELA. Para avaliar quantitativamente os níveis de metilação do ADN no HRE em ratinhos C9-BAC, desenvolvemos um novo ensaio que combina o digestor de restrição sensível à metilação HpaII, que reconhece a sequência CCGG, com PCR com repetição e eletroforese capilar (Figura 3.13 A). Dada a nossa descoberta de que a expressão do transgene C9ORF72 humano diminui nas primeiras semanas de vida, quantificámos a metilação do ADN do HRE às 0, 2 e 7 semanas de idade (Figura 3.13 B). Observámos que a metilação do HRE estava presente nos três grupos etários, mas aumentava com a idade, atingindo um valor significativo entre as 0 e as 7 semanas de idade. Os gráficos representativos de um animal por grupo são apresentados na Figura 3.13 C. Estes resultados sugerem que a metilação de resíduos de citosina na própria sequência HRE ocorre nas primeiras semanas de vida do ratinho C9-BAC.

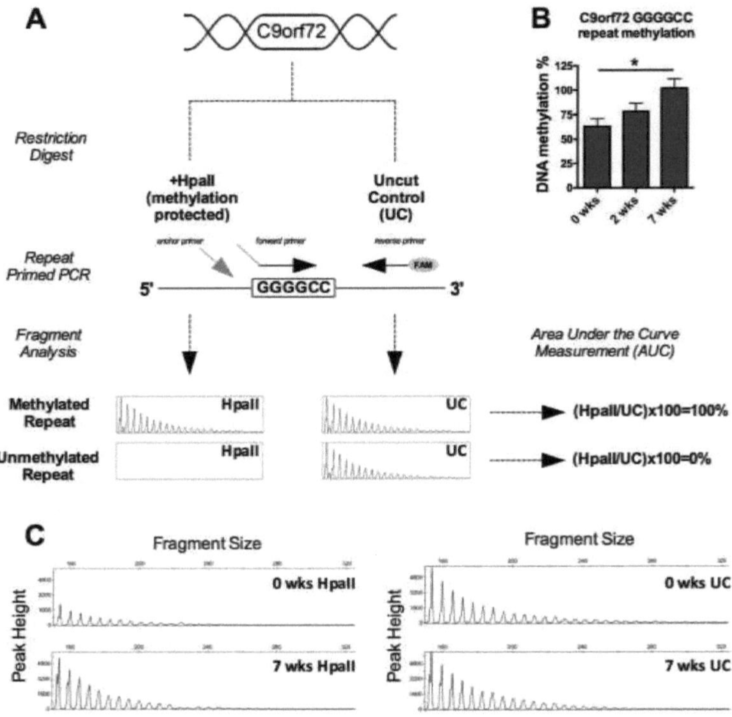

Figure 3.13. A metilação de repetições de hexanucleótidos (GGGGCC) aumenta com a idade em ratinhos C9-BAC. Ilustração do método de avaliação da metilação de HRE (A). Para cada amostra, são efectuadas duas reacções de PCR com iniciação de repetições, uma utilizando ADN sujeito a digestão HpaII e outra utilizando controlo não cortado (UC). A percentagem de metilação do ADN é calculada com base na área sob os valores da curva após a análise dos fragmentos capilares das amostras digeridas com HpaII, normalizada em relação à amostra de controlo não cortada. Os níveis de metilação do HRE foram avaliados às 0 (n=5), 2 (n=4) e 7 (n=5) semanas de idade, a significância é indicada por *p<0,05 (B). Electroferogramas representativos do ADN do córtex cerebral do rato C9-BAC com 0 e 7 semanas de idade, tratado com HpaII, bem como do controlo sem cortes (C).

3.3 Discussão

Os fibroblastos derivados de doentes obtidos por biopsia dérmica são utilizados para estudos in vitro e para gerar iPSCs. No entanto, o ADN isolado de linhas celulares de fibroblastos tende a conter expansões mais pequenas do que o ADN isolado do sangue ou de cérebros post mortem [109]. Além disso, as nossas observações não publicadas indicam que os fibroblastos têm níveis mais baixos de hipermetilação do promotor C9ORF72 do que o sangue do mesmo indivíduo. Por conseguinte, os linfócitos podem ser mais semelhantes aos neurónios, na medida em que mantêm repetições maiores e níveis de metilação mais elevados do que os fibroblastos. Como tal, propomos que as células mononucleares do sangue periférico ou os linfócitos imortalizados possam ser uma fonte superior aos fibroblastos para a geração de iPSCs. Independentemente do tipo de célula utilizado para a produção de iPSC, nós e outros [119] observámos instabilidade de repetições durante a reprogramação. Os nossos dados mostram um tamanho de repetição menor no clone #1 de iPSC; no entanto, repetições maiores reapareceram durante a especificação do neurónio motor. Em alternativa, pode ainda existir alguma heterogeneidade nas culturas de iPSC e é possível que as alterações observadas no tamanho das repetições se devam à vantagem selectiva de uma subpopulação menor de células para se diferenciar. Além disso, observámos uma tendência para os níveis de 5mC se correlacionarem diretamente com o tamanho das repetições, o que também foi observado em tecidos cerebrais post-mortem [125]. Como o nosso estudo se limita a um doente, são necessários mais estudos para discernir a relação entre o tamanho das repetições, a instabilidade das repetições, a metilação do ADN e os níveis de hidroximetilação em células reprogramadas de um grupo maior de doentes. Será também importante determinar se as células C9-ALS não metiladas adquirem erradamente a hipermetilação do promotor C9ORF72 após a reprogramação, ou se o estado de metilação é fielmente preservado nos neurónios derivados de iPSC.

O mecanismo pelo qual a hipermetilação do ADN é estabelecida no promotor do C9ORF72 foi estudado pelo nosso grupo e por outros [108,123,126]. Estes estudos sugerem que os híbridos RNA-DNA ou os R-loops são mediadores chave da repressão epigenética [127]. Descobertas recentes noutras doenças de expansão repetida, incluindo a Síndrome do X Frágil e a Ataxia de Freidriech apoiam este raciocínio [64,65]. Aqui investigámos esta possibilidade utilizando neurónios motores derivados de iPSC, um método que utilizámos com sucesso no nosso relatório anterior para modelar a aquisição de hipermetilação do ADN em C9-ALS [108]. Mostramos que, apesar da sua presença no promotor C9ORF72 das células derivadas de doentes com C9-ALS, a inibição da formação de R-loop através da eliminação de RNAs HRE não é suficiente para impedir a aquisição de hipermetilação do ADN. Estudos futuros poderão investigar mecanismos alternativos que conduzam à repressão epigenética dos promotores HRE. Embora não tenhamos abordado esta questão aqui, seria também interessante verificar se o knockdown de C9ORF72 em ratinhos C9-BAC terá algum efeito nos níveis de metilação do ADN associados ao locus expandido.

Aqui relatamos que os ratinhos C9-BAC de Peters et al. [92] recapitulam as perturbações epigenéticas observadas em doentes com ELA e DFT associados ao C9ORF72. Apesar de terem um locus C9ORF72 humano truncado (até ao exão 6), as caraterísticas epigenéticas do HRE, incluindo a hipermetilação do ADN (num subconjunto de casos) e o enriquecimento de H3K9me3, também foram observadas em ratinhos C9-BAC. Curiosamente, as análises da expressão genética mostram que a expressão de C9ORF72 é

reduzida durante as primeiras semanas após o nascimento em ratinhos C9-BAC. Dada a abundância de marcas epigenéticas repressivas associadas ao HRE, tanto em doentes humanos como no modelo de ratinho C9-BAC, conclui-se que essa redução resulta de silenciamento epigenético. Embora os tecidos sejam raros e seja improvável que estejam disponíveis num futuro próximo, será importante determinar o curso temporal do desenvolvimento da heterocromatinização do HRE C9 em humanos. Os nossos resultados sugerem que a repressão epigenética ocorre provavelmente por volta da idade do nascimento em humanos (2 semanas no rato). Também será importante determinar se as caraterísticas epigenéticas do HRE são partilhadas entre diferentes linhas C9-BAC. De particular interesse será determinar se a gravidade fenotípica está associada aos níveis de repressão epigenética, nos casos em que se observa um fenótipo.

As nossas descobertas foram surpreendentes para nós no sentido em que reflectem caraterísticas epigenéticas em humanos e, em alguns casos, aparecem com uma frequência semelhante. Por exemplo, o ADN hipermetilação do próprio HRE foi previamente avaliado em humanos, e a incidência deste evento foi surpreendentemente elevada, 97% dos doentes com ALS e FTD associados ao C9ORF72 possuíam repetições hipermetiladas [124]. Utilizando um ensaio quantitativo semelhante para a avaliação da metilação HRE do locus C9ORF72, demonstramos aqui que todos os ratinhos C9-BAC avaliados apresentam hipermetilação da sequência repetida. Além disso, mostramos que a hipermetilação aumenta com a idade, embora os ratinhos jovens também apresentem níveis elevados de metilação dentro da repetição. Estas observações apoiam a hipótese de que o aumento dos níveis de metilação do ADN é uma caraterística comum do HRE, talvez servindo um papel protetor para silenciar o locus expandido [38,39,124,128].

A hipermetilação do promotor do C9ORF72, por outro lado, é menos comum em doentes com ELA C9-, e só é observada numa fração (~30%) dos indivíduos com um número de repetição patogénico [14,37]. Curiosamente, descobrimos que isso também é verdade para os ratinhos C9- BAC, onde apenas uma pequena fração dos adultos apresenta hipermetilação do ADN no promotor C9ORF72, em diferentes tecidos. Isto é particularmente pungente dado o efeito neuroprotector da hipermetilação do promotor do C9ORF72 in vivo [39]. Por isso, sugerimos que pode ser importante estratificar os ratinhos com base no seu estado epigenético ao efetuar avaliações fenotípicas de futuras estirpes C9-BAC.

CAPÍTULO 4

A desmetilação ativa do ADN é uma nova aberração epigenética em C9-ALS e FXS

4.1 Resumo

A desmetilação de 5mC tem um papel importante no neurodesenvolvimento e na regulação dos genes, que só recentemente foi descoberto. Com este objetivo, determinei se a desmetilação ativa do ADN ocorre nos loci expandidos C9ORF72 e FMR1 em doentes com C9-ALS e FXS, respetivamente. O primeiro passo para a desmetilação ativa do ADN é a conversão de 5mC em 5-hidroximetilcitosina (5hmC), um processo catalisado pelas proteínas da família de translocação dez-onze (TET). Para além de ser um intermediário estável da desmetilação do ADN, a 5hmC serve como uma marca epigenética frequentemente referida como "sexta" base e tem sido implicada na ativação transcricional de genes. A minha hipótese é que o 5hmC é enriquecido nos genes com a mutação de expansão repetida em modelos in vivo e in vitro de C9-ALS e FXS. Para testar esta hipótese, utilizei vários modelos celulares, incluindo fibroblastos primários, linfócitos imortalizados, células estaminais pluripotentes induzidas e células estaminais embrionárias, bem como tecidos cerebrais humanos post-mortem. Com este objetivo, identifiquei o enriquecimento de 5hmC, um intermediário ativo de desmetilação do ADN, como uma nova alteração epigenética comum a pelo menos duas doenças de expansão repetida: C9-ALS e FXS. Os meus resultados sugerem que a desmetilação do ADN nos loci expandidos é um processo dinâmico associado à aquisição de heterocromatinização durante o neurodesenvolvimento. Adicionalmente, demonstro que a desmetilação ativa do ADN é mais pronunciada no cérebro, em concordância com a literatura que indica que a atividade TET e os níveis globais de 5hmC são mais elevados nos neurónios. Curiosamente, observei uma discrepância entre os modelos celulares destas duas doenças: enquanto os neurónios iPSC derivados de doentes com C9-ALS recapitularam o enriquecimento em 5hmC observado nos tecidos cerebrais post-mortem, os neurónios iPSC da FXS não o fizeram. Cumulativamente, estes resultados indicam que a desmetilação ativa, que é principalmente mediada por TET1 no cérebro, contraria a repressão epigenética de alelos expandidos em C9-ALS e FXS.

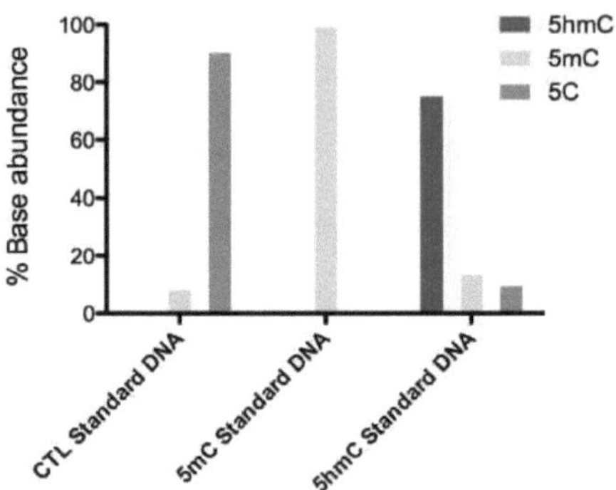

4.2 Resultados

4.2.1 Avaliação da hidroximetilação do ADN no promotor C9ORF72 em doentes com ELA-C9

5 **Figura 4.1. Sensibilidade de deteção do ensaio da 5-hidroximetilcitosina.** Foram utilizados padrões de ADN com resíduos de citosina não modificados (CTL), metilados (5mC) e hidroximetilados (5hmC) para avaliar a sensibilidade e a especificidade da deteção de 5hmC, de acordo com as instruções do fabricante (New England Biolabs E3317).

Apesar de um papel emergente da hidroximetilação da citosina em doenças neurodegenerativas [129], nenhum estudo até à data examinou o papel epigenético putativo da 5hmC na regulação da atividade do promotor C9ORF72 na ELA. Para distinguir entre resíduos de 5mC e 5hmC no promotor C9ORF72 em diferentes fases de reprogramação e diferenciação, utilizámos uma digestão de restrição MspI/HpaII sensível a 5hmC do ADN genómico seguida de qPCR. A sensibilidade de deteção do ensaio foi avaliada utilizando padrões de ADN de controlo não metilado, enriquecido com 5mC e 5hmC (Figura 4.1). Verificámos que os níveis de 5mC no promotor C9ORF72 nos linfócitos C9-ALS foram reduzidos após a reprogramação e depois progressivamente readquiridos durante a especificação dos neurónios motores (Tabela 4.1), confirmando as nossas descobertas anteriores. Embora apenas fossem detectáveis níveis vestigiais de 5hmC nos linfócitos C9-ALS, estes estavam aumentados nas iPSCs e nos neurónios motores diferenciados terminalmente, reflectindo o enriquecimento de 5hmC em todo o genoma nestes tipos de células [72,74,75]. Uma experiência independente em todo o tipo de doença mostrou níveis negligenciáveis de 5mC e níveis não detectáveis de 5hmC no promotor do locus C9ORF72 não expandido em células primárias de controlo FX em qualquer fase da reprogramação (Figura 4.2).

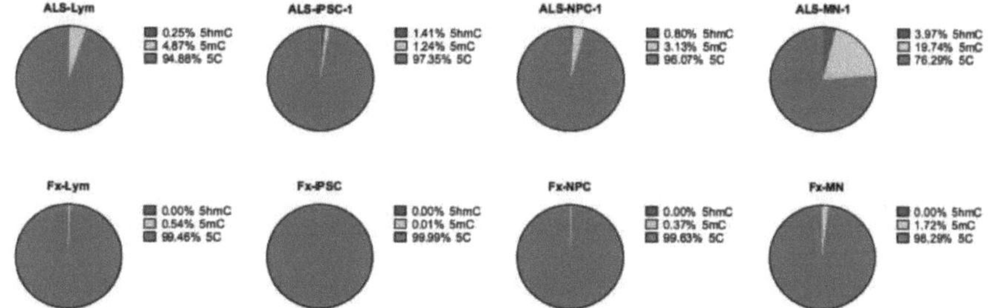

Figura 4.2. Comparação dos níveis de metilação e hidroximetilação do ADN durante a reprogramação de linfócitos imortalizados de um doente com C9-ALS e de um indivíduo de controlo com síndrome do X Frágil. A avaliação da metilação e da hidroximetilação do ADN foi efectuada na posição +104 do local de início da transcrição do C9ORF72 utilizando a digestão de restrição MspI/HpaII seguida de PCR quantitativa.

A localização do enriquecimento em 5hmC perto do promotor do C9ORF72 é consistente com os estudos de perfil de 5hmC ao nível do genoma que mostram um enriquecimento perto dos locais de início da transcrição e das ilhas e margens CpG [72,74-76]. Para além disso, a baixa concentração de 5hmC em relação a 5mC é representativa das proporções ao nível do genoma [69,71], que aumentam durante o neurodesenvolvimento [74]. Os nossos resultados sugerem que a desmetilação do ADN no locus expandido C9ORF72 é um processo dinâmico associado à aquisição de heterocromatinização durante o neurodesenvolvimento.

CpG	-313		+104		
Amostra	5mC %	5hmC %	5mC %	5hmC %	Média 5mC+5hmC
ALS-Lym	69.3	0	4.6	0	37
ALS-iPSC-1	20.7	16.2	1.7	1.9	20.3
ALS-iPSC-2	31.4	2.7	11.3	2.4	23.9
ALS-NPC-1	37.1	13.8	3.3	0.6	27.4
ALS-MN-1	49	3.9	15.4	2	35.2

Tabela 4.1. Avaliação da hidroximetilação do ADN num local específico perto do promotor C9ORF72 em células derivadas de doentes com ELA. Para a avaliação da hidroximetilação, foram considerados dois dinucleótidos CpG nas posições -313 e +104 pares de bases a partir do local de início da transcrição (TSS) dentro dos locais de restrição MspI/HpaII. Os números indicam a percentagem de hidroximetilcitosina (5hmC, verde), metilcitosina (5mC, vermelho) e a média de duas marcas em ambas as posições.

Para determinar se o 5hmC está presente no promotor do C9ORF72 em amostras clínicas, analisámos o ADN genómico isolado de tecidos cerebrais post-mortem de três indivíduos de controlo não afectados, três doentes com C9-ALS hipermetilados e três doentes com C9-ALS não metilados. O estado de metilação foi inicialmente avaliado por HhaI mePCR, que detecta marcas de 5mC e 5hmC (sem distinção entre elas) em dois locais CpG localizados a -215 e -109 pares de bases do local de início da transcrição (Figura 4.3). Em seguida, utilizámos o ensaio MspI/HpaII PCR para distinguir entre 5mC e 5hmC em dois locais CpG diferentes (-313, +104). Verificámos que numa posição de dinucleótido CpG (-313) os níveis de 5mC e 5hmC eram

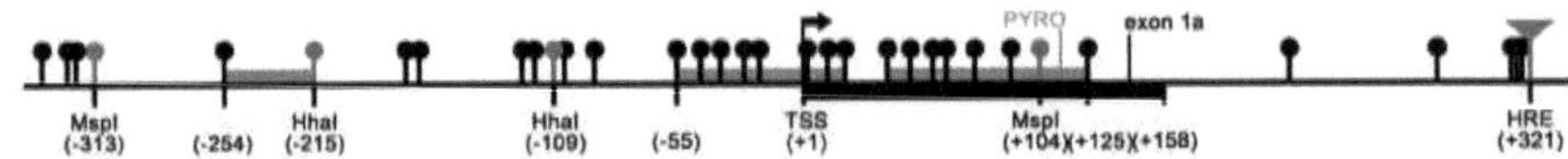

Figura 4.3. Esquema da região promotora do C9ORF72, indicando os locais CpG que foram submetidos a avaliação da metilação e hidroximetilação do ADN. O primeiro local de início da transcrição do C9ORF72 (TSS) e os dinucleótidos CpG (pirulitos) estão indicados. A posição dos dois locais de restrição MpsI (e do seu isosquizómero HpaII) utilizados para o ensaio de sensibilidade à hidroximetilação está indicada a -313 e +104 pares de bases. Estão também indicados dois sítios HhaI insensíveis à hidroximetilação utilizados para a PCR de metilação. As caixas cinzentas acima da linha indicam as regiões consultadas por pirosequenciação com bissulfito (PYRO), que inclui 18 CpGs de -254 a +125. A caixa preta abaixo da linha indica a posição do exão 1a. A posição da expansão da repetição hexanucleotídica (HRE) também está indicada. Os números correspondem à posição do par de bases relativamente ao TSS (+1).altamente

enriquecido em amostras de doentes com C9ORF72-ALS hipermetilados. No entanto, na posição +104, esta elevação foi observada apenas para 5hmC numa amostra hipermetilada de C9-ALS (Figura 4.4). Embora exista uma tendência para um maior enriquecimento de 5hmC em cérebros C9-ALS hipermetilados, são necessárias mais amostras para confirmar os nossos resultados actuais. Finalmente, a presença de 5hmC no promotor do C9ORF72 em tecidos cerebrais post-mortem pode ser uma indicação da desmetilação activada nos neurónios C9- ALS e reduz a probabilidade de

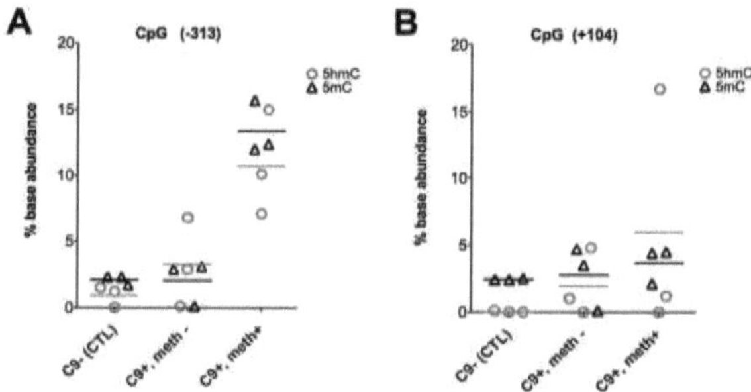

Figura 4.4. Avaliação da hidroximetilação do ADN perto do promotor C9ORF72 em C9-

Tecidos cerebrais post-mortem de ELA. A abundância de 5mC e 5hmC em dois locais MspI/HpaII situados a -313 e +104 pares de bases a partir do local de início da transcrição foi avaliada em tecidos cerebrais post-mortem de indivíduos de controlo não afectados (C9-), hipermetilados (C9+, meth+) e não metilados (C9+, meth -) de doentes com ELA-C9 (N=3 por grupo). As linhas horizontais pretas e cinzentas representam os níveis médios de 5mC e 5hmC por grupo, respetivamente.

que esse enriquecimento em neurónios derivados de iPSC é um artefacto do processo de reprogramação.

Fomos os primeiros a descobrir que a desmetilação do ADN, resultando em 5-hidroximetilcitosina, é uma nova caraterística epigenética de algumas mutações de expansão repetida, incluindo a Síndrome do X Frágil e a C9-ALS [108,130]. Relatámos que os neurónios iPSC e os cérebros post-mortem de doentes com C9-ALS hipermetilados têm níveis aumentados de 5hmC no promotor da C9ORF72 quando comparados com doentes saudáveis; indicando que a desmetilação ativa do ADN está associada ao HRE. Por esta razão, procurámos determinar se o 5hmC também está presente no promotor do C9ORF72 de ratinhos BAC hipermetilados. Efectuámos a avaliação da hidroximetilação do ADN conforme descrito anteriormente [108,130]. Verificámos que, à semelhança dos doentes com C9-ALS, os ratinhos C9-BAC hipermetilados apresentam níveis elevados de 5hmC nos locais do promotor do C9ORF72, tanto a montante como a jusante do TSS no córtex (Figura 4.5 A, B). Além disso, avaliámos os tecidos periféricos do ratinho hipermetilado com 30 semanas de idade. Verificámos que o enriquecimento em 5hmC era exclusivo dos tecidos cerebrais (Figura 4.5 C, D). Isto indica uma desmetilação mais pronunciada do ADN no cérebro de ratinhos C9-BAC hipermetilados, o que é consistente com a maior abundância dos níveis globais de 5hmC que ocorrem no sistema nervoso central em comparação com outros tipos de tecido, presumivelmente devido à elevada atividade da proteína de translocação de dez onze [131,132].

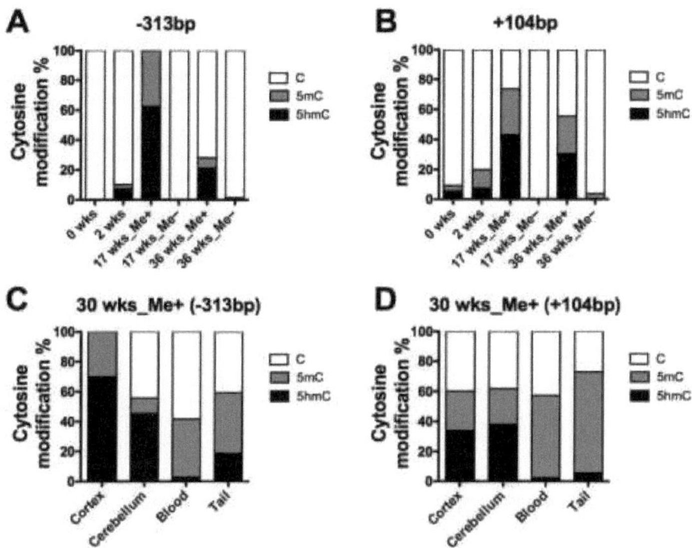

Figura 4.5. Observa-se desmetilação do ADN no promotor expandido do C9ORF72, distintamente no cérebro de ratinhos C9-BAC. Dois dinucleótidos CpG localizados nos locais de restrição MspI/HpaII nas posições - 313 e + 104 pares de bases do local de início da transcrição do C9ORF72 foram interrogados por PCR sensível à 5-metilcitosina (5mC) e à 5-hidroximetilcitosina (5hmC). O eixo y indica a percentagem de 5hmC (preto), 5mC (cinzento) e citosina não modificada (C) (branco) para amostras de córtex cerebral de um subconjunto de ratinhos C9-BAC (A, B). A avaliação do enriquecimento de 5hmC em dois locais de restrição em tipos de tecido de um ratinho hipermetilado com 30 semanas de idade é ilustrada em C e D.

4.1.1 Hidroximetilação do ADN no promotor do gene FMR1 em doentes com Síndrome de X Frágil

Um total de 18 amostras de tecido cerebral post-mortem foram avaliadas neste estudo. Com base na avaliação genética do tamanho da repetição do FMR1, dividimos as amostras em três grupos: Portadores de mutação completa (FM), portadores de pré-mutação (PM) e indivíduos não afectados sem mutação de expansão detetável (CTL); cada grupo

Tabela 4.2. Dados demográficos das amostras de tecido cerebral humano post-mortem utilizadas no estudo FXS.

ID da amostra	Grupo	Idade (y)	PMI (h)	Sexo	Cérebro região	Fonte
1790	CTL	13	18	Masculino	OC	NICHD
8265	CTL	52	18	Masculino	PFC	HBB
13574	CTL	53	21	Masculino	PFC	HBB
13295	CTL	56	22	Masculino	PFC	HBB
10028	CTL	36	22	Masculino	PFC	HBB
8288	CTL	57	22	Masculino	PFC	HBB
5319	FM	71	17	Masculino	OC	NICHD
1061-09 JB	FM	64	30	Feminino	OC	MENTE
1031-08 GP	FM	58	20	Masculino	OC	MENTE
1033-08 WS	FM	79	18	Masculino	OC	MENTE
1031-09 LZ	FM	65	12	Masculino	OC	MENTE
1018-10 RH	FM	60	54	Masculino	OC	MENTE
4751	PM	21	5	Masculino	OC	NICHD
4555	PM	80	12	Masculino	OC	NICHD
4664	PM	71	3	Masculino	OC	NICHD
5006	PM	85	5	Masculino	PC	NICHD
5212	PM	80	12	Masculino	PC	NICHD
1005-06 CB	PM	55	SEM INFORMAÇÃO	Masculino	OC	MENTE

consistiu em amostras de 6 indivíduos (Tabela 4.2). Para avaliar a presença e a dimensão da mutação de expansão de repetições FMR1 nos nossos grupos de estudo, realizámos uma PCR com repetições CGG, seguida de um ensaio de eletroforese capilar para todas as amostras de cérebro utilizadas no estudo. Os dados de uma amostra representativa de cada grupo experimental são apresentados na Figura 4.6. Uma descrição pormenorizada e a interpretação dos dados deste método foram apresentadas noutro local [110]. Para confirmar que

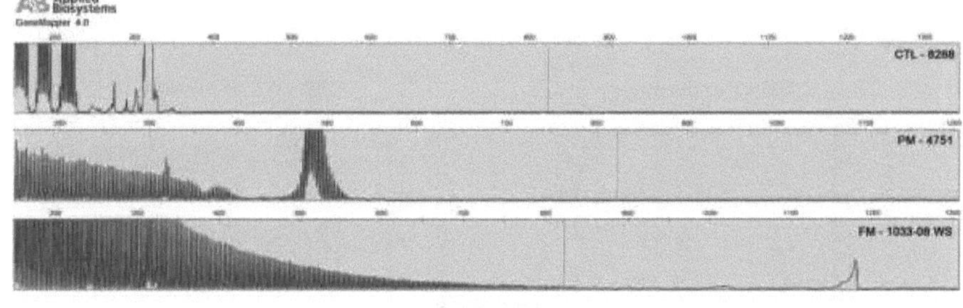

Figura 4.6. Avaliação da mutação de expansão FMR1. Electroferogramas representativos de produtos de PCR com repetição CGG. Traço superior) Um grande pico de 320 pares de bases indica a presença de um alelo não expandido. Traço médio) Os alelos de pré-mutação produzem um padrão de amplificação em dente de serra com os maiores produtos de PCR variando de 320-820 pares de bases. Traço inferior) A amplificação de alelos FMR1 totalmente expandidos produz grandes produtos PCR representados por um pico para além de 820 pares de bases.

Para determinar se o tamanho da repetição de FMR1 correspondia aos níveis de expressão de FMR1 nas nossas amostras, avaliámos os níveis de transcrição de FMR1 por QPCR. Como esperado, verificámos que a expressão de FMR1 estava significativamente reduzida no grupo FM e uma tendência de diminuição dos níveis de transcrição FMR1 antisense em comparação com o grupo CTL (Figura 4.7). Os indivíduos com pré-mutações tinham níveis de expressão mais elevados dos transcritos FMR1 sense e antisense em comparação com os indivíduos não afectados, o que é consistente com a pré-mutação que causa a sobreexpressão de FMR1 em FXTAS [32]. Os nossos dados mostram que todas as amostras corresponderam ao diagnóstico clínico, com três excepções: 1) O paciente 1031-09 LZ, apesar de possuir uma expansão além de 200 repetições, mostrou expressão normal de FMR1 (Figura 4.7). 2) Embora clinicamente classificado como FXTAS, as nossas análises PCR/CE indicam a presença de um PM e FM para o doente 5006. 3) Embora o doente 4751 tenha sido inicialmente diagnosticado

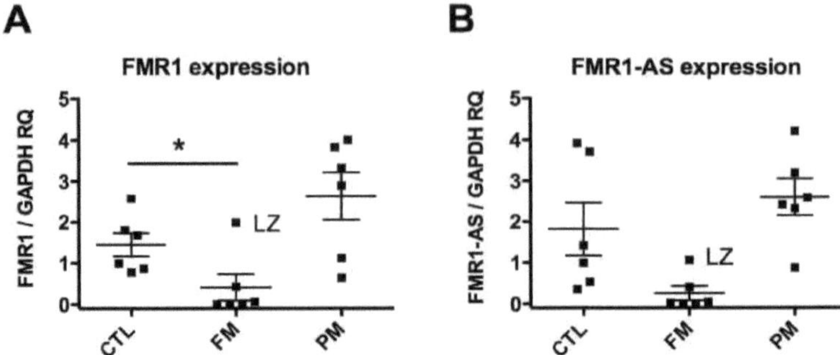

Figura 4.7. Expressão de FMR1 em amostras clínicas. Os níveis de mRNAs FMR1 sense (A) e antisense (B) em amostras cerebrais post-mortem de indivíduos com mutação completa (FM), pré-mutação (PM) e controlos saudáveis (CTL) foram avaliados por PCR quantitativo. É apresentada a quantificação relativa (RQ) de FMR1 normalizada para o controlo endógeno GAPDH; as barras de erro são SEM (* $p<0,05$). É indicado o ponto de dados que representa uma amostra de FM "LZ", que expressa FMR1 em níveis normais.

com FXS, o relatório clínico indica que este doente possuía apenas 88 repetições CGG (conforme determinado por Southern blot) e a nossa própria análise utilizando PCR/CE mostra a presença de um PM. Assim, as análises genéticas indicam que o doente 4751 é mais semelhante aos indivíduos FXTAS, embora a apresentação clínica seja consistente com FXS. Uma vez que a instabilidade das repetições somáticas, o mosaicismo da metilação do FMR1 e a inativação do cromossoma X no sexo feminino podem levar a diferenças entre o diagnóstico clínico e o genótipo do FMR1 numa determinada amostra de tecido, estratificámos a coorte de acordo com o tamanho das repetições, conforme determinado pela análise por PCR com primers repetidos do ADN extraído de tecidos cerebrais post mortem. Em todos os casos, a nossa avaliação por PCR com primers repetidos confirmou o tamanho da repetição, conforme determinado pela análise Southern blot (Tabela 4.3).

Tabela 4.3. Comparação do diagnóstico clínico e dos resultados dos testes genéticos para os doentes com FXS e FXTAS.

Caso	Cérebro CGG (Southern Blot)	CGG no sangue (Southern Blot)	Clínica Diagnóstico	Resultados dos testes genéticos
1061-09-JB	NA	29, 629, 780	FXS	FM
1031-08-GP	NA	436	FXS	FM
1033-08-WS	NA	339, 486, 619, 755, 938, 1225	FXS	FM
1031-09-LZ	340	340-440	FXS	FM
1018-10-RH	NA	463	FXS	FM
1005-06-CB	115	526, 689, 812	FXS	PM
4751	88	NA	FXS	PM
5319	NA	NA	FXS	FM
4555	67	NA	FXTAS	PM
4664	100	NA	FXTAS	PM
5121	NA	NA	FXTAS	PM
5006	150	NA	FXS	FM e PM

O enriquecimento de 5mC no promotor do FMR1, relativamente a controlos não afectados, é uma caraterística da FXS, mas não da FXTAS [133]. No entanto, estudos anteriores utilizaram um método padrão de conversão de bissulfito para examinar os níveis de 5mC, que não consegue distinguir 5mC de 5hmC [81]. Dada a recente descoberta do 5hmC como um intermediário de desmetilação associado à transcrição ativa [72,73], tornou-se necessário distinguir entre estas duas marcas epigenéticas utilizando metodologias melhoradas. Aqui, utilizámos a digestão de restrição sensível a 5mC e 5hmC seguida de amplificação por PCR para quantificar os níveis de 5mC e 5hmC no locus FMR1. Foi interrogado um total de seis locais de restrição Mspl/Hpall localizados a montante e a jusante do local de início da transcrição FMR1 e da repetição CGG. A localização genómica de cada local e a distância do TSS do FMR1 em pares de bases (pb) estão ilustradas na Figura 4.8. Observámos níveis significativamente mais elevados de 5mC em todos os 6 locais de restrição nos tecidos cerebrais da FM quando comparados com as amostras PM e CTL (Figura 4.9 A, 4.10 A). Por outro lado, os níveis de 5hmC foram significativamente elevados nos sítios de restrição -431pb, -344pb, -44pb e +667pb, mas não nos que abrangem a expansão da repetição CGG, +6pb e +359pb (Figura 4.9 B, 4.10 B). As abundâncias médias de 5mC e 5hmC em todos os 6 locais de restrição para cada subgrupo clínico estão representadas na Figura

4.9 C. Encontrámos níveis elevados de 5hmC em todas as amostras de FM, exceto uma com o código 1061-09 JB (Figura 4.10 B). Uma vez que este caso isolado é o único doente do sexo feminino no nosso estudo e, por conseguinte, o único indivíduo com dois alelos FMR1, sugerimos que níveis tão baixos de 5hmC podem resultar da inativação do X, conforme discutido abaixo.

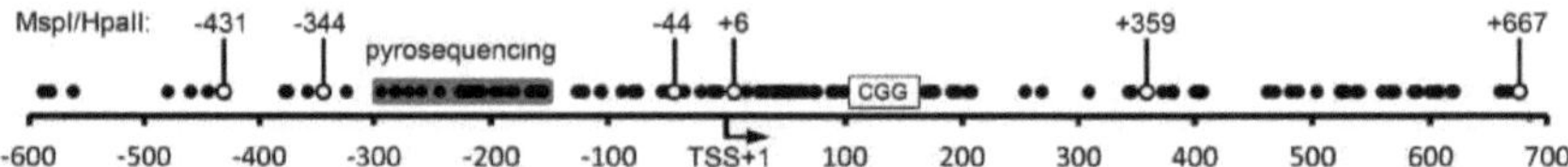

Figura 4.8. O locus FMR1. Os círculos preenchidos representam os dinucleótidos CpG na região promotora do FMR1, representados à escala como a distância em pares de bases do local de início da transcrição (TSS+1). Os sítios de restrição MspI/HpaII localizados nos pares de bases -431, -344, -44, +6, +359 e +667, onde foi efectuada a avaliação da metil e hidroximetilcitosina, estão indicados com círculos abertos. Uma região sombreada a cinzento no promotor do FMR1 indica a localização de 22 dinucleótidos CpG interrogados por análise de pirosequenciação sensível à metil e hidroximetilcitosina. A localização da sequência de repetição CGG do FMR1 a jusante do TSS também é indicada.

Para confirmar os nossos resultados, utilizámos um segundo método de avaliação de 5hmC e 5mC para interrogar 22 dinucleótidos CpG de -294 a -155 pares de bases, relativamente ao TSS do FMR1, na região promotora do FMR1 (Figura 4.8). O ADN genómico de 5 amostras de tecido cerebral post-mortem de FM, 1 PM e 1 CTL foi submetido a pirosequenciação por bissulfito assistida por TET (TAB-seq) para quantificar os níveis de 5mC e 5hmC. Os nossos resultados confirmaram que o 5hmC está enriquecido no promotor do FMR1 em amostras de FM (Figura 4.11). Curiosamente, descobrimos que, enquanto os níveis de 5mC eram uniformes nos sítios CpG das amostras de FM, os níveis de 5hmC eram relativamente mais variados entre os CpGs (Figura 4.12).

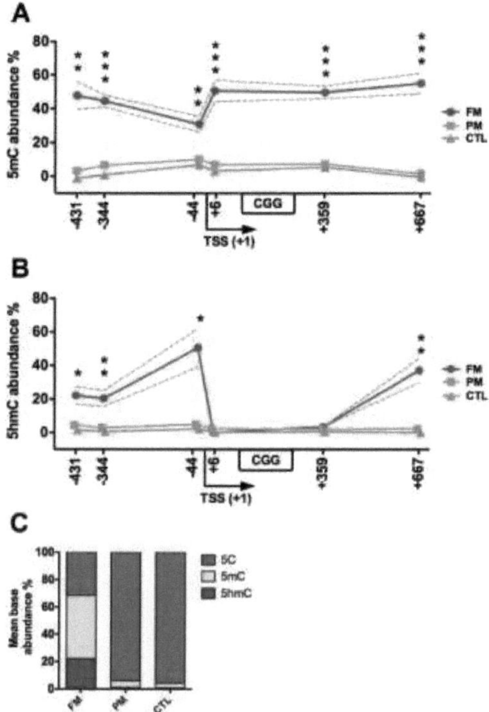

Figura 4.9. Pirossequenciação específica do locus do promotor FMR1 em amostras clínicas de FXS. A) Os níveis de 5mC e B) 5hmC foram quantificados por pirosequenciação de bissulfito assistida por TET (TAB-seq) em 22 dinucleótidos CpG no promotor FMR1, representados em relação à sua posição (eixo X) em pares de bases a partir do local de início da transcrição FMR1 (TSS). A abundância relativa em amostras de doentes com FM (n=5) é apresentada como valores médios (eixo Y), em que as linhas cinzentas a tracejado indicam SEM. Para referência, foi incluída na análise uma amostra de PM e uma amostra de controlo saudável (CTL). C) A abundância média de 5hmC, 5mC e 5C em todos os 22 CpGs é apresentada como percentagens relativas para cada amostra.

Figure 4.10. Avaliação da metilação e hidroximetilação do ADN do FMR1 específica do

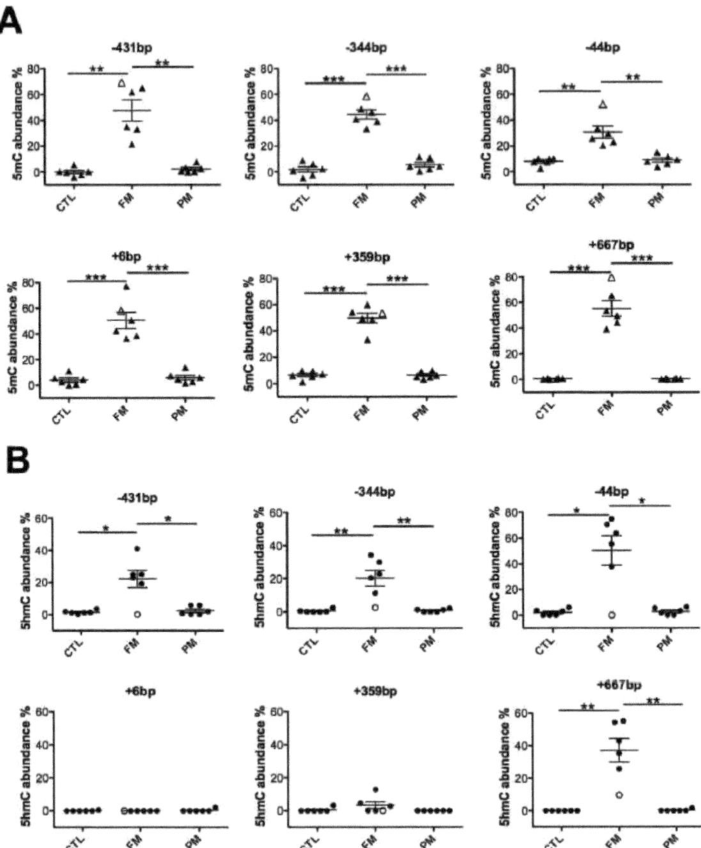

locus em amostras clínicas. Avaliação de 5mC (A) e 5hmC (B) específica do locus FMR1 em seis locais de restrição MspI/HpaII no promotor FMR1 em três grupos experimentais. As barras de erro representam o SEM (* p<0,05, ** p<0,005, *** p<0,00005); um outlier do sexo feminino no grupo FM (1061-09 JB) está indicado com símbolos abertos.

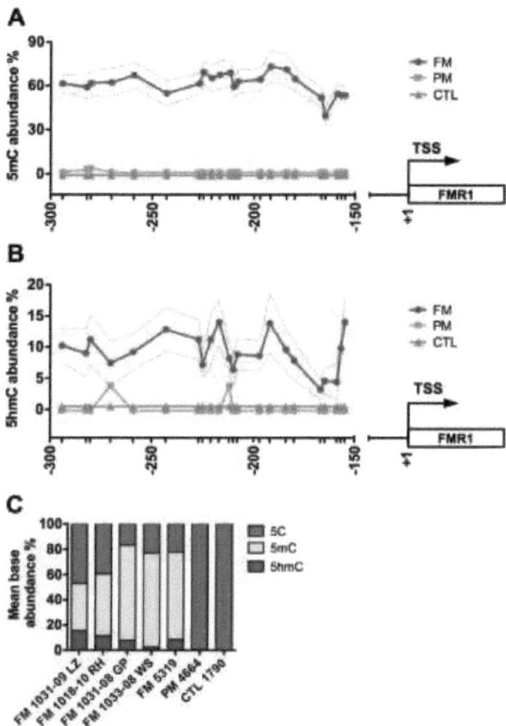

Figure 4.11. Pirossequenciação específica do locus do promotor FMR1 em amostras clínicas de FXS. A) Os níveis de 5mC e B) 5hmC foram quantificados por pirosequenciação de bissulfito assistida por TET (TAB-seq) em 22 dinucleótidos CpG no promotor FMR1, representados em relação à sua posição (eixo X) em pares de bases a partir do local de início da transcrição FMR1 (TSS). A abundância relativa em amostras de doentes com FM (n=5) é apresentada como valores médios (eixo Y), em que as linhas cinzentas a tracejado indicam SEM. Para referência, foi incluída na análise uma amostra de PM e uma amostra de controlo saudável (CTL). C) A abundância média de 5hmC, 5mC e 5C em todos os 22 CpGs é apresentada como percentagens relativas para cada amostra.

Amostra	Diagnóstico	CpG 1	2	3	4	5	6	7	8	9	10	11	12	13	14	15	16	17	18	19	20	21	22	Média
LZ	FXS	12	23	23	19	16	19	10	10	20	22	16	9	15	17	18	18	18	8	8	8	15	19	15
. RH	FXS	10	6	10	10	13	16	12	10	14	19	5	11	11	11	26	16	5	3	10	14	5	13	11
GP	FXS	14	8	17	0	5	11	15	0	4	13	9	0	11	5	5	0	11	5	5	0	14	25	8
ϵ WS	FXS	0	0	0	0	0	0	0	12	0	0	7	0	0	5	20	5	0	0	0	0	7	0	3
ʝЛ 5319	FXS	15	8	6	8	12	18	19	4	18	16	4	12	7	5	0	9	5	0	0	0	8	13	9
4664	FXTAS	0	0	0	4	0	0	0	0	0	0	4	0	0	0	0	0	0	0	0	0	0	0	0
1790	CTL	0	0	0	0	0	0	0	0	0	0	0	0	0	0	0	0	0	0	0	0	0	0	0
LZ	FXS	46	34	33	33	42	31	39	49	39	38	38	39	38	43	49	45	35	30	25	36	31	32	38
RH	FXS	49	49	53	48	57	41	59	56	52	53	61	45	50	49	48	49	61	43	29	38	50	43	49
ςj GP	FXS	74	75	67	85	86	72	68	91	82	83	83	79	75	77	95	97	71	65	46	68	63	56	75
ϵ WS	FXS	75	70	80	72	86	76	81	69	86	88	75	73	78	79	80	93	76	58	47	67	57	74	74
1Л 5319	FXS	63	67	76	73	65	54	61	81	67	75	87	62	73	73	94	71	80	63	51	64	67	63	70
4664	FXTAS	0	2	3	-2	0	0	0	0	0	0	0	0	0	0	0	0	0	0	0	0	0	0	0
1790	CTL	0	0	0	0	0	0	0	0	0	0	0	0	0	0	0	0	0	0	0	0	0	0	0
Do TSS		-294	-282	-280	-270	-259	-243	-227	-225	-221	-217	-212	-210	-208	-197	-192	-184	-180	-167	-165	-159	-157	-155	

Figure 4.12. Pirosequenciação específica do locus do promotor FMR1 em amostras clínicas de FXS. Mapa de calor que ilustra a avaliação TAB-seq em 22 dinucleótidos CpG no promotor FMR1 de 5 amostras cerebrais de FM, 1 PM e 1 CTL; as regiões altamente

hidroximetiladas estão indicadas a vermelho e as regiões altamente metiladas estão indicadas a verde.

Para determinar se o enriquecimento de FMR1 5hmC que observámos em amostras cerebrais post-mortem de FXS é recapitulado em modelos celulares da doença, interrogámos o ADN genómico isolado de vários tipos de células derivadas de doentes utilizando o método de PCR de restrição MspI/HpaII 5mC/5hmC específico do local. Confirmámos a presença de mutações completas e de silenciamento transcricional de FMR1 em todas as linhas celulares de FXS utilizando PCR/EC e QPCR com repetição premida (Figura 4.13), respetivamente.

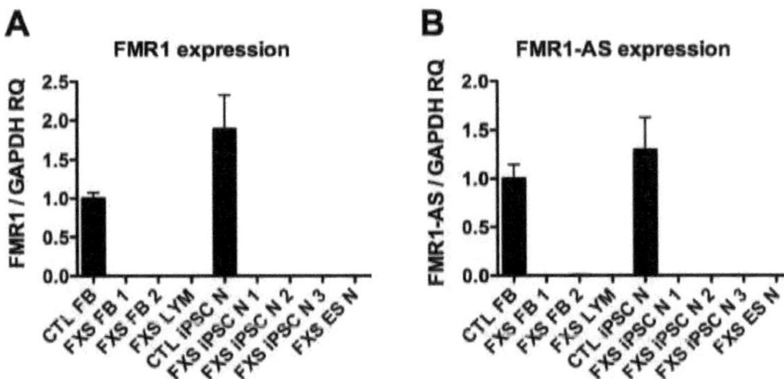

Figura 4.13. Expressão bidirecional de FMR1 em modelos celulares de FXS. PCR quantitativo em tempo real para a expressão de FMR1 sense (A) e FMR1 anti-sense (AS) (B) em linhas celulares somáticas FXS e neurónios derivados, as barras de erro representam SEM (n=3). Os valores de quantificação relativa (RQ) foram normalizados para GAPDH.

As células somáticas derivadas de tecidos de doentes incluíam duas linhas celulares de fibroblastos FXS (GM09497, GM05848) e uma linha celular de linfócitos FXS imortalizados (GM09237). Embora os níveis de 5mC estivessem elevados nas células de fibroblastos e linfócitos de doentes FXS quando comparados com controlos saudáveis, não observámos um enriquecimento de 5hmC no promotor FMR1 (Figura 4.14 A,B). Para examinar modelos celulares de FXS mais relevantes para a doença, gerámos células estaminais pluripotentes induzidas através da reprogramação celular de

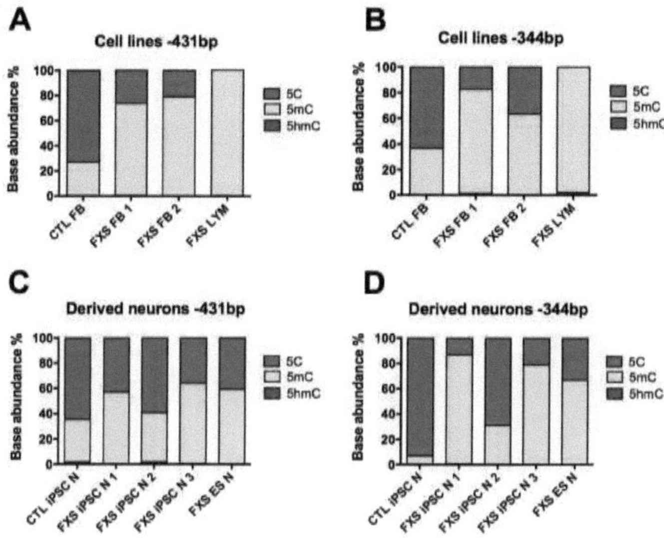

Figura 4.14. Avaliação da metilação e hidroximetilação do ADN do FMR1 em modelos celulares da Síndrome do X Frágil. Percentagem relativa de 5C, 5mC e 5hmC em dois locais de restrição localizados a -431 (A & C) e -344 (B & D) pares de bases do local de início da transcrição do FMR1. As linhas de células somáticas derivadas de doentes (A & B) incluem fibroblastos de controlo (CTL FB), duas linhas de fibroblastos FXS (FXS FB 1, 2) e linfócitos FXS. As linhas neuronais foram derivadas de três células estaminais pluripotentes induzidas FXS (FXS iPSC N 1-3), uma linha de células estaminais embrionárias FXS (FXS ES N) e uma linha de células iPSC de controlo (C & D).

As linhas celulares de fibroblastos e linfócitos foram depois diferenciadas em neurónios. Além disso, derivámos neurónios de uma linha bem caracterizada de células estaminais embrionárias humanas (hESC) FXS (WCMC-37). Para confirmar a maturidade neuronal, utilizámos a imunomarcação de múltiplos marcadores neuronais, incluindo o transportador vesicular de glutamato 1, a tubulina beta-III, a proteína 2 associada aos microtúbulos, a sinapsina 1, o neurofilamento pesado e o NeuN (Figura 4.15). Nem as FXS iPSC nem os neurónios derivados de hESC apresentaram enriquecimento de 5hmC no promotor FMR1 quando foram

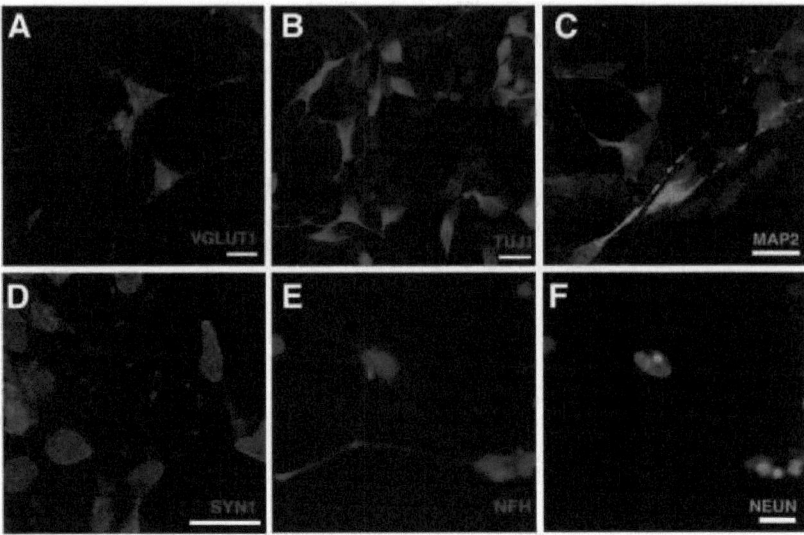

Figura 4.15. Caracterização das linhas de células neuronais FXS. Imunocoloração de neurónios FXS iPSC para os marcadores neuronais VGLUT1, TUJ1, MAP2, SYN1, NFH e NeuN (A-F), barra de escala = 20µm. As células foram contra-coradas com DAPI para revelar os núcleos (azul).

em comparação com os controlos (Figura 4.14 C,D). Para eliminar a possibilidade de a progressão do ciclo celular impedir o enriquecimento de 5hmC no promotor do FMR1, utilizámos a timidina para bloquear o ciclo celular. O tratamento com timidina não teve qualquer efeito na abundância de 5hmC no promotor do FMR1 em fibroblastos FXS, linfócitos ou neurónios derivados de iPSC (Figura 4.16 A,B). Para eliminar a possibilidade de a diferenciação neuronal incompleta poder explicar a falta de enriquecimento de FMR1 5hmC em iPSC e neurónios FXS derivados de ES, realizámos um estudo de curso temporal em que o ADN foi extraído após 2, 4, 6 e 8 semanas de diferenciação neuronal terminal (Figura 4.16 C,D). Os nossos resultados demonstram que mesmo os neurónios maduros, diferenciados terminalmente durante 8 semanas, não recapitulam o enriquecimento de FMR1 5hmC que nós

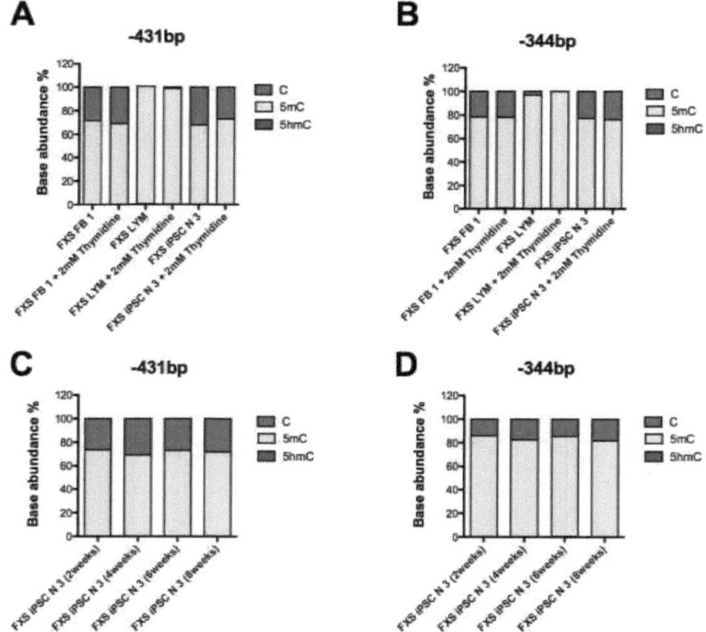

Figura 4.16. Avaliação da metilação e hidroximetilação do ADN do FMR1 em modelos celulares da Síndrome do X Frágil após paragem do ciclo celular com timidina. Os fibroblastos FXS (FXS FB 1), os linfócitos (FXS LYM) e os neurónios derivados de iPSC (iPSC N 3) foram tratados com timidina 2mM para parar o ciclo celular. Os níveis de FMR1 5hmC foram avaliados em dois locais -431pb (A) e -344pb (B) utilizando o ensaio de digestão de restrição Mspl/Hpall. Os neurónios FXS iPSC diferenciados terminalmente durante 2, 4, 6 e 8 semanas foram utilizados para a avaliação da hidroximetilação do ADN apresentada em C e D.

observados em tecidos cerebrais post-mortem de FM FXS. Por último, para determinar se uma expressão reduzida de TET poderia explicar a falta de enriquecimento do promotor FMR1 5hmC em linhas de células neuronais, realizámos PCR quantitativa para três genes TET em iPSC FXS e neurónios derivados de ES. Comparámos a expressão de TET com os níveis expressos em amostras cerebrais de doentes com FM, PM e CTL (Figura 4.17). Não encontrámos diferenças significativas na expressão de TET entre neurónios primários da FM e células estaminais neurónios derivados de células. Curiosamente, observámos níveis elevados de expressão de TET em amostras de doentes com PM em comparação com FM e controlos não afectados. As perturbações globais de 5hmC num modelo de ratinho de FXTAS foram relatadas anteriormente [67] e são necessários mais estudos para investigar um papel

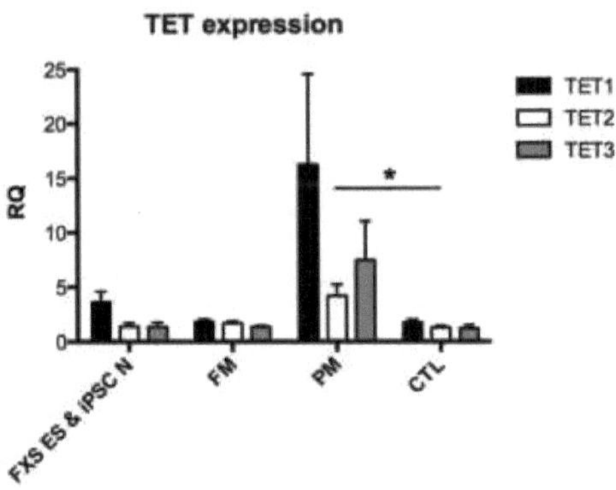

potencial da desregulação de TET em doentes com FXTAS.

Figura 4.17. Os níveis de ARNm de TET estão elevados em doentes com FXTAS. Quantificação relativa (RQ) da expressão de TET em neurónios FXS derivados de células estaminais pluripotentes embrionárias (n=1) e induzidas (n=3), e em tecidos cerebrais post-mortem de FM, PM ou CTL, as barras de erro representam SEM, $^{*}p<0,05$. Para amostras clínicas n=6, exceto para o grupo FM em que uma amostra de um doente

4.2.3 Especificidade tecidular do enriquecimento em 5hmC nos loci expandidos

À luz de relatórios anteriores que mostram o enriquecimento de 5hmC em todo o genoma nos neurónios quando comparado com a glia [134], explorámos em seguida a especificidade do tipo de célula dos níveis de distribuição de 5mC e 5hmC no promotor FMR1 numa amostra representativa de tecido cerebral post-mortem da FM (paciente FXS 5319). Para isolar o ADN neuronal e não neuronal, recolhemos núcleos de tecidos post-mortem congelados e marcámos os núcleos neuronais com um anticorpo anti-Neu conjugado com um corante fluorescente. O ADN genómico foi então isolado por triagem celular activada por fluorescência (FACS). Os nossos dados indicam que o processo de seleção enriquece os núcleos até quase 100% de pureza (Figura 4.18). Devido à grande quantidade de tecido

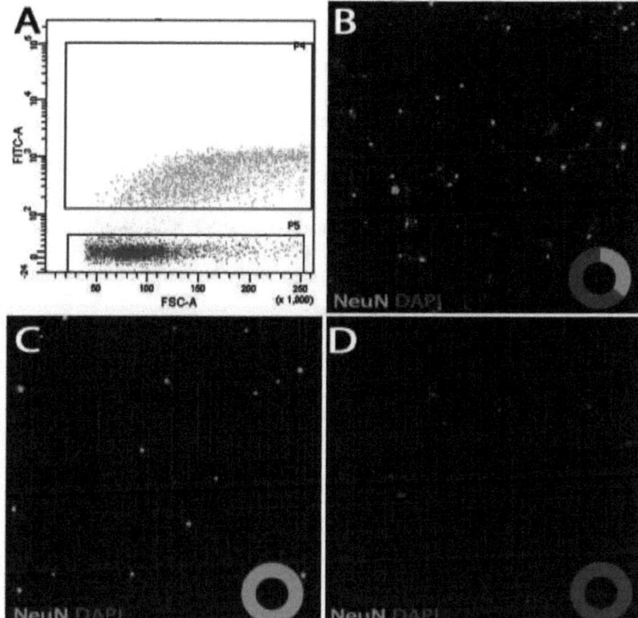

Figura 4.18. Seleção de núcleos a partir de tecido cerebral post-mortem. A) Isolamento de núcleos neuronais (NeuN+, verde) e glia não marcada (azul) de cérebros humanos post-mortem. B) Os núcleos pré-selecionados incluem tanto neurónios como glia. C) NeuN+ pós-triagem (caixa P4 em A) e D) NeuN- (caixa P5 em A). As rosquinhas indicam o rácio entre neurónios e glia (NeuN+ para DAPI+).

necessário para a técnica de seleção de núcleos (~700mg), não foi possível avaliar todo o grupo de doentes. Efectuámos uma avaliação 5mC/5hmC específica do local utilizando o método de PCR de restrição Mspl/Hpall para interrogar as fracções de ADN genómico NeuN+ e NeuN- do cérebro não selecionado (Figura 4.19 A). O marcador neuronal NeuN utilizado para a triagem é um marcador neuronal geral localizado no envelope nuclear da maioria das classes de neurónios, incluindo quase todos os neurónios corticais utilizados no presente estudo, com poucas excepções [135,136]. Embora os núcleos NeuNpossam surgir de tipos alternativos de células, incluindo sangue ou tecido conjuntivo, presume-se que sejam glia devido à esmagadora maioria de glia em relação a esses outros tipos de células no tecido cerebral. A nossa análise epigenética centrou-se em dois locais de restrição Msp1/HpaII localizados a -431pb e -344pb devido aos níveis elevados de 5hmC observados em amostras cerebrais de doentes nestes locais e à sua localização no promotor FMR1, que se supõe conferir um papel dominante na regulação da transcrição. Encontrámos níveis mais elevados de 5hmC e níveis mais baixos de 5mC no promotor FMR1 dos neurónios quando comparados com os da glia nos locais de restrição MspI/HpaII de -431pb e -344pb (Figura 4.19 B e C, respetivamente). Estes resultados indicam que o enriquecimento em 5hmC no promotor do FMR1 dos doentes com FXS é específico dos neurónios, o que pode refletir a capacidade mais pronunciada de desmetilação do ADN destas células.

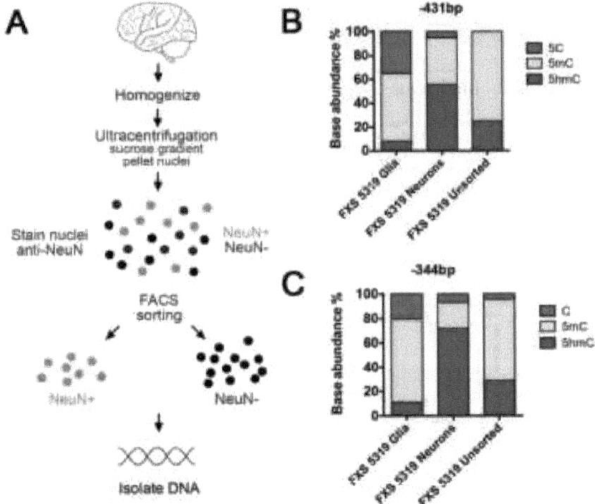

Figura 4.19. Avaliação específica do tipo de célula da metilação do ADN no promotor FMR1 em tecidos cerebrais postmortem. A) Ilustração da estratégia de seleção de núcleos utilizada para isolar fracções de ADN glial (NeuN-) e neuronal (NeuN+) de uma amostra de tecido cerebral post-mortem de FXS com mutação completa (5319). É apresentada a abundância média de 5hmC, 5mC e 5C em dois locais localizados a -431 pares de bases (B) e -344 pares de bases (C) do local de início da transcrição FMR1.

4.3 Discussão

A transcrição através do HRE do C9ORF72 produz RNAs tóxicos e proteínas DPR que medeiam uma patologia complexa a jusante [137]. A hipermetilação de uma ilha CpG no promotor do C9ORF72 foi observada em aproximadamente 30% dos casos de C9-ALS [37]. Esta repressão epigenética é uma caraterística comum conferida por outras mutações de expansão repetida [40,41]. Uma vez que a metilação do ADN está intimamente associada à repressão genética, seria de esperar que a hipermetilação do promotor do C9ORF72 reduzisse drasticamente as taxas de transcrição, os níveis de ARNs tóxicos e de DPRs, e resultasse num fenótipo clínico ligeiro. Embora haja evidências de transcrição reduzida nas células somáticas de indivíduos hipermetilados [37,38], não há correlação relatada entre as taxas de expressão gênica e o nível de hipermetilação do promotor no cérebro. No entanto, os nossos dados indicam que avaliações anteriores da metilação em tecidos cerebrais utilizando a técnica do bissulfito ou a digestão de restrição Hhal sobrestimaram os níveis de 5mC, uma vez que estes métodos não conseguem distinguir entre 5mC e 5hmC [81]. Este facto é particularmente pungente, uma vez que a 5mC é geralmente considerada uma marca repressiva, enquanto a 5hmC está tipicamente associada à transcrição ativa [72] e é mais abundante no cérebro [131]. Estes resultados sugerem que a desmetilação ativa, que é principalmente mediada por TET1 no cérebro [138], contraria a repressão epigenética dos alelos C9ORF72 expandidos. Assim, a inibição do TET pode representar uma estratégia terapêutica viável para doentes com C9-ALS hipermetilado, embora sejam necessários mais estudos para testar esta hipótese. Felizmente, os nossos dados indicam que o 5hmC está presente no promotor dos neurónios C9-ALS derivados de iPSC, constituindo um modelo valioso para investigar esta via de investigação.

Os alelos C9ORF72 expandidos são enriquecidos com marcadores repressivos, incluindo H3K9me3 e 5-metilcitosina, mas mantêm atividade suficiente para produzir níveis tóxicos de ARNs mutantes e DPRs. Identificámos o enriquecimento de 5hmC, um intermediário ativo de desmetilação do ADN, como uma nova alteração epigenética comum a pelo menos duas doenças de expansão repetida: Síndrome do X Frágil e C9- ALS [108,130]. Dada a elevada abundância de 5hmC em o promotor C9ORF72 de doentes hipermetilados e de ratinhos C9-BAC, postulamos que a desmetilação ativa do ADN é um mecanismo de contra-ataque à hipermetilação protetora do promotor. Os nossos dados demonstram que a desmetilação ativa do ADN é mais pronunciada no cérebro de ratinhos C9-BAC, em concordância com a literatura que indica que a atividade TET e os níveis globais de 5hmC são mais elevados nos neurónios [69,131]. Estudos futuros são necessários para investigar a possibilidade de alavancar o equilíbrio epigenético, talvez usando pequenas moléculas, de tal forma que favoreça a hipermetilação do DNA para reprimir mais completamente o locus expandido, o que seria a hipótese de reduzir a produção de produtos tóxicos em camundongos C9-BAC.

Utilizando dois métodos independentes, mostramos que o 5hmC é enriquecido no promotor FMR1 em neurónios primários FXS com mutações completas FMR1, mas não em neurónios derivados de células estaminais ou linhas celulares não neuronais. Os níveis de FMR1 5hmC foram mais variáveis do que 5mC nos dinucleótidos CpG dentro do promotor FMR1. Além disso, encontrámos 5hmC a montante e a jusante do TSS do FMR1, mas não em locais próximos da própria sequência de repetição CGG. Estes resultados indicam que a expansão da repetição pode impedir a desmetilação mediada por TET no locus FMR1. Outros encontraram enriquecimento de 5hmC perto da mutação de expansão de repetição GAA dentro do gene Frataxin, que é responsável pela ataxia de Friedreich [55]. Notavelmente, a perturbação da metilação do ADN foi demonstrada para múltiplas mutações de expansão [37,51,139]. Assim, há evidências que sugerem que as perturbações locais da metilação do ADN causadas por mutações de expansão repetidas também envolvem a desmetilação do ADN como uma caraterística epigenética comum.

Embora esteja bem estabelecido que o silenciamento epigenético dos alelos FMR1 FM conduz à FXS, o mecanismo permanece incompletamente definido e não pode explicar totalmente os fenótipos raros e variáveis que são observados nas populações de doentes. Por exemplo, os homens com FXS possuem tipicamente FM com promotores FMR1 hipermetilados (+CpGme) que são transcritivamente silenciosos (-mRNA) (+FXS, +FM, +CpGme, - mRNA). No entanto, existem excepções a esta regra: 1) Em cerca de 15% dos indivíduos - frequentemente com um fenótipo ligeiro - tanto PM como FM são detectáveis, tornando-os mosaicos para o tamanho da expansão (+/- FXS, +/-FM, +/-CpGme, +/-mRNA) [140-142]. No estudo atual, identificámos um indivíduo (5006) que se enquadra neste cenário, e mostrou uma representação mista das expansões PM e FM FMR1. 2) Em cerca de metade dos indivíduos FXS do sexo masculino, o mRNA do FMR1 é detectado apesar da presença de FMs hipermetilados (+FXS, +FM, +CpGme, +mRNA) [27]. Neste caso, foi sugerido que a CpGme e a produção de ARNm estão desacopladas devido a diferenças desconhecidas no padrão de CpGme entre células, ou "mosaicismo intercelular críptico" [143]. Vimos que um indivíduo 1031-09 LZ se enquadrava neste cenário, demonstrando a atividade transcricional do FMR1 apesar de estar metilado e ter um FM. Nomeadamente, este indivíduo tinha os níveis mais elevados de 5hmC e os níveis mais baixos de 5mC no promotor do FMR1 entre o grupo de doentes FXS (Figura 4.11 C, 4.12). 3) Foram identificados indivíduos extremamente raros que possuem FMs transcritivamente activos não metilados e apresentam um fenótipo ligeiro ou normal (-FXS, +FM, -CpGme, +mRNA) [46,54,144]. Embora não tenhamos identificado indivíduos com essa condição, estudos futuros poderiam examinar se esse desacoplamento das FMs da CpGme poderia ser devido à desmetilação ativa do ADN mediada pelas enzimas TET. Um mecanismo potencial poderia ser o facto de o enriquecimento em 5hmC poder recrutar proteínas que aumentam a permissividade transcricional [145]. Alternativamente, o enriquecimento pode reduzir a afinidade de proteínas repressivas de ligação ao DNA metilado que mantêm a heterocromatinização do FMR1 [146,147]. Finalmente, é tentador especular que o enriquecimento de 5hmC poderia alterar a afinidade de ligação de CTCF, uma proteína crítica de ligação ao DNA implicada no silenciamento de FMR1 [148,149]. Curiosamente, os níveis de 5hmC de uma doente do sexo feminino com FXS (1061-09 JB) eram os mais baixos do grupo e colocamos a hipótese de ser uma consequência da inativação aleatória dos cromossomas X no sexo feminino. Uma vez que a inativação do X é conhecida por causar metilação global do ADN no cromossoma X [150], é provável que o alelo FMR1 com mutação completa esteja inactivado numa porção de neurónios da amostra de tecido e, por conseguinte, não esteja acessível à desmetilação do ADN mediada por TET. Para além disso, os níveis de 5mC foram mais elevados neste doente entre o grupo FM , apoiando ainda mais o nosso raciocínio. Estas descobertas aumentam o nosso conhecimento sobre a organização epigenética composta de alelos FMR1 expandidos em FXS, levando-nos a postular que a desmetilação ativa do ADN no promotor FMR1 ocorre em doentes com FXS in vivo e que este processo poderia modular as taxas de expressão de FMR1 e contribuir para a variabilidade observada do fenótipo clínico.

Para uma amostra clínica de cérebro do FM post-mortem de FXS, da qual havia material suficiente, comparámos neurónios isogénicos e glia para examinar aspectos específicos dos neurónios da metilação e hidroximetilação do ADN do FMR1. A investigação do estado epigenético da FMR1 especificamente nos neurónios justifica-se por várias razões. Em primeiro lugar, o principal tipo de célula afetada no FXS são os neurónios, onde a deficiência de FMRP altera a função sináptica e a morfologia [25]. Em segundo lugar, os níveis de 5hmC são enriquecidos nos neurónios [69,74], onde a expressão de TET é mais elevada do que noutros tipos de células, incluindo a glia [151]. Assim, os neurónios podem ser exclusivamente capazes de reverter a hipermetilação do FMR1 que está associada a mutações completas. Os nossos dados indicam que, num doente com FXS, o enriquecimento em 5hmC era exclusivo dos neurónios. Uma explicação é que se sabe que a replicação do ADN e a subsequente reaquisição da metilação do ADN, que ocorre nas células gliais - mas não nos neurónios não proliferativos terminalmente diferenciados - afecta o estado epigenético do gene FMR1 [152-154]. Tanto quanto sabemos, este é o primeiro estudo a efetuar uma avaliação epigenética específica do tipo de célula utilizando tecido cerebral post-mortem de doentes com FXS. São necessários estudos futuros para determinar a aplicabilidade desta descoberta a populações clínicas mais alargadas.

As grandes sequências ricas em GC, como a expansão da repetição FMR1, são difíceis de modelar utilizando abordagens genéticas moleculares padrão. Por conseguinte, a maioria dos estudos baseou-se em tecidos post-mortem ou em linhas celulares derivadas de doentes, como fibroblastos primários ou linfócitos imortalizados, para investigar as repetições FMR1 no seu ambiente genético nativo. Recentemente, foram utilizados sistemas de modelos neuronais mais relevantes derivados de hESCs [64,155,156] e células estaminais pluripotentes induzidas [157,158], que oferecem vantagens substanciais em relação a outros sistemas de modelos in vitro . Embora certos fenótipos FXS sejam espelhados em neurónios derivados de iPSC, as caraterísticas epigenéticas da repetição FMR1 neste modelo têm sido uma fonte de controvérsia [157,158]. No presente estudo, procurámos determinar se os modelos celulares de FXS recapitulam os níveis de 5mC e 5hmC encontrados em neurónios FXS primários isolados de tecido cerebral clínico post-mortem. Determinámos que os fibroblastos primários de doentes com FXS, os linfócitos imortalizados, os neurónios ES e os neurónios iPSC não recapitulam o enriquecimento de 5hmC no promotor FMR1. Nem a progressão do ciclo celular, nem o tempo de diferenciação neuronal, nem a expressão das enzimas TET poderiam explicar esta falta de enriquecimento em 5hmC. Estes resultados sugerem que os modelos celulares de FXS não são representativos no que respeita à desmetilação do ADN do promotor FMR1. Isto é particularmente importante para futuras estratégias terapêuticas que visem as vias epigenéticas para reativar o locus. Embora a reativação do locus tenha sido conseguida utilizando o análogo nucleósido 5-aza 2'-deoxicitidina [159,160], estudos futuros poderão examinar o papel potencial do 5hmC na reativação do FMR1, bem como impedir potencialmente o silenciamento do FMR1. Em resumo, estabelecemos uma nova perturbação epigenética associada ao FMR1 FM, a sua abundância neuronal específica, e ausência em modelos celulares FXS amplamente utilizados.

CAPÍTULO 5

Desenvolvimento de um ensaio de transporte nucleocitoplasmático para C9- ALS

5.1 Resumo

A disfunção do poro nuclear foi recentemente descrita em células de doentes com C9-ALS, devido às proteínas de repetição de dipeptídeos que estão a ser produzidas pelo locus expandido. Para estudar este fenómeno, desenvolvi um ensaio utilizando a linha celular estável U2OS que exprime a proteína Rev fundida com GFP, que é transportada para dentro e para fora do núcleo devido a sinais de localização nuclear e de exportação nuclear. Em seguida, introduzi os plasmídeos de expressão de mamíferos que expressam construções DPR sintéticas marcadas com FLAG através de transfecção para testar se alteram a localização subcelular do biossensor GFP. A minha hipótese é que este sistema será um modelo relevante, suscetível de ser utilizado em triagem de alto rendimento para encontrar compostos que possam salvar o fenótipo de disfunção do poro nuclear observado em doentes com C9-ALS. Como prova de conceito, utilizei este modelo para analisar a nossa biblioteca de compostos epigenéticos personalizados, atualmente composta por 165 compostos, utilizando imagens de alto conteúdo. A fim de desenvolver um ensaio fenotípico de alto rendimento para a disfunção dos poros nucleares, comecei por gerar células estáveis U2OS imortalizadas que expressam exogenamente o biossensor Rev-GFP e uma construção sintética de DPR marcada com uma bandeira para transfecções. Usando análise de imagem de alto conteúdo, mostro que a superexpressão da proteína de repetição de dipeptídeo de prolina-arginina (PR) faz com que o biossensor seja sequestrado dentro do núcleo. O desvio induzido pela PR foi altamente significativo entre as células PR positivas e negativas e entre os poços tratados com Leptomicina B (controlo positivo) e os poços de controlo negativo, com valores Z' superiores a 0,5. Estes resultados demonstram que o ensaio é robusto, fiável e, por conseguinte, passível de ser utilizado no rastreio de grandes bibliotecas de compostos em placas com vários poços. Além disso, miniaturizei com êxito este ensaio para um formato de 96 poços e efectuei um rastreio de elevado rendimento. Finalmente, num estudo complementar para identificar vias epigenéticas que regulam as taxas de transcrição do C9ORF72, efectuei um rastreio baseado na expressão genética utilizando neurónios iPSC derivados de doentes com C9-ALS e identifiquei inibidores da bromodomina como reguladores da transcrição do C9ORF72 .

5.2 Resultados

5.2.1 Geração de uma linha celular estável U2OS Rev-GFP e de construções DPR

Em agosto de 2015, três grupos independentes relataram a disfunção do poro nuclear em doentes com C9ORF72-ALS [17-19]. Pensa-se que este defeito se deve ao entupimento do poro nuclear pelas proteínas de repetição de dipeptídeos que estão a ser produzidas em C9-ALS. Para observar este fenótipo em modelos celulares, as DPRs têm de estar presentes a um nível muito elevado, o que é consistente com a teoria de que a acumulação de DPRs ao longo da vida e a incapacidade dos neurónios motores de as decomporem resulta na neurodegeneração em doentes com ELA. Para além disso, isto pode explicar porque é que a ELA é uma doença de início na idade adulta e progride rapidamente uma vez iniciada. Decidimos estudar o defeito do transporte nucleocitoplasmático (NCT) associado à ELA-C9 e, para obter níveis elevados de DPR, criámos plasmídeos de expressão em mamíferos que exprimem construções sintéticas para as proteínas de repetição dipeptídica glicina-alanina (GA), glicina-prolina (GR) e prolina-arginina (PR) marcadas com FLAG (100 repetições cada). Em seguida, utilizámos a linha de células U2OS de osteoblastoma humano para exogenamente

expressam DPRs por transfecção e realizaram imunocitoquímica utilizando o anticorpo antiFLAG (Figura 5.1). Como esperado, a localização subcelular de cada DPR era distinta, com a PR a acumular-se no núcleo e no nucléolo. Esta observação foi consistente com outros estudos que descrevem a PR como sendo a DPR mais tóxica entre cinco possíveis agregados de dipeptídeos produzidos a partir do HRE C9ORF72. Foi anteriormente referido que a acumulação nuclear de PR perturba a biogénese do ARN ribossómico e conduz ao stress nucleolar. Tendo em conta as provas existentes e as nossas próprias provas, decidimos investigar a perturbação do NCT associada à PR em células U2OS. Esta abordagem permite-nos separar o efeito da PR de outras DPRs que seriam produzidas numa célula derivada de um doente, bem como da consequência do mRNA tóxico e da haploinsuficiência de C9ORF72.

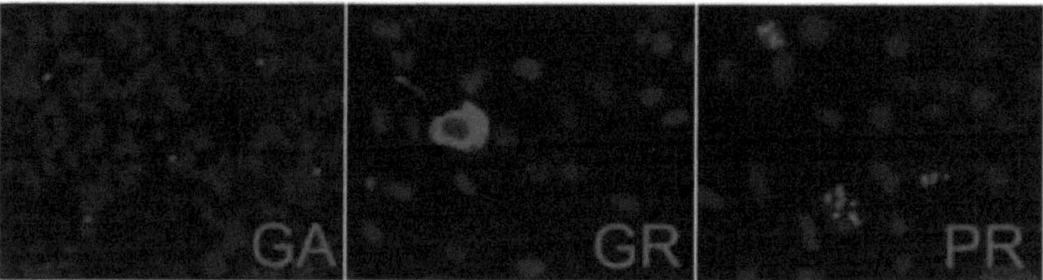

Figura 5.1. Localização de diferentes proteínas de repetição de dipeptídeos após transfecção em células U2OS. Localização subcelular das proteínas de repetição de dipeptídeo marcadas com FLAG glicina-alanina (GA), glicina-arginina (GR) e prolina-arginina (PR), 100 repetições cada.

Para estudar a NCT, desenvolvemos um ensaio utilizando a linha celular estável U2OS que exprime a proteína Rev fundida com GFP, que é transportada para dentro e para fora do núcleo devido a sinais de localização nuclear e de exportação nuclear (Figura 5.2). Plasmídeos de expressão em mamíferos que expressam PR sintética marcada com FLAG com 100 repetições

Figura 5.2. Ilustração do ensaio de transporte nucleocitoplasmático. A localização subcelular do biossensor GFP que contém sinais de localização e exportação nucleares (NLS, NES) pode ser inibida com leptomicina B (LMB), causando uma acumulação no núcleo e no nucléolo (A). A análise de imagens de alto conteúdo pode ser utilizada para detetar mudanças de translocação entre o núcleo (círculo) e o citoplasma (anel), bem como a localização no nucléolo (ponto circular) (B). A imunodetecção da proteína de repetição dipeptídica PR marcada com FLAG é utilizada para identificar as células que expressam a proteína. As células que expressam o biossensor foram

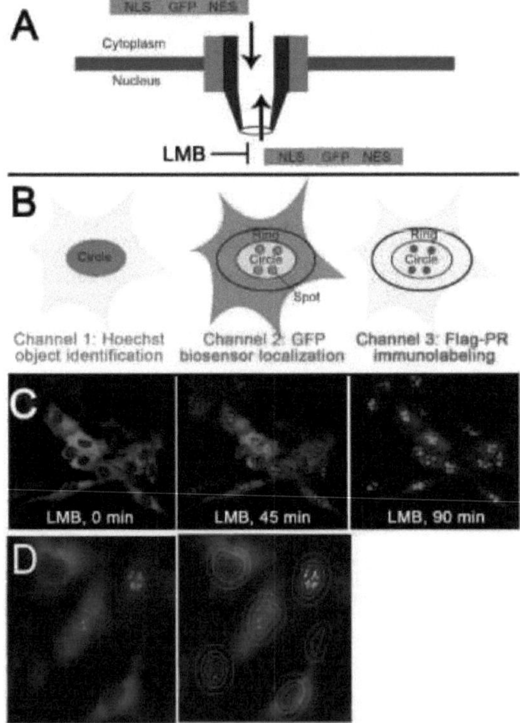

tratadas com LMB durante 90 minutos para ilustrar a redistribuição do biossensor após a inibição do transporte nucleocitoplasmático (C). Imagem representativa mostrando máscaras para identificação de caraterísticas e sub-objectos (D).

foram utilizadas para transfectar células U2OS que expressam de forma estável o biossensor GFP-. Após 48 horas, as células foram fixadas e hibridizadas com um anticorpo primário anti-FLAG e um anticorpo secundário conjugado com Alexa Fluor 594. As células foram então contra-coradas com Hoechst para demarcar o limite nucleocitoplasmático. A aquisição de imagens foi efectuada na plataforma Cellomics Arrayscan VTI pela University of Miami High Content Imaging Core Facility e a análise das imagens foi efectuada com o software Spotfire. Resumidamente, a identificação dos núcleos é efectuada no canal 1, correspondente ao comprimento de onda de emissão de Hoechst. As zonas do citoplasma (anel), do círculo (núcleos) e do ponto do círculo (nucléolos) são então calculadas para cada célula. As células que excedam um limiar de intensidade de emissão de Hoechst são eliminadas das análises a jusante, uma vez que tal é indicativo de células pós-apoptóticas com cromatina condensada. As células que excederam um limiar de 4 desvios-padrão acima da intensidade de fundo total do círculo Alexa Fluor 594 (canal 3) foram designadas PR positivas, enquanto as células abaixo deste limiar foram designadas PR negativas. Foram utilizados dois parâmetros para avaliar a redistribuição do biossensor GFP (canal 2), o rácio da intensidade média do círculo:anel e a intensidade total do ponto do círculo. Consideramos que a perturbação da NCT e o stress nuclear estão interligados e que a conceção do nosso biossensor confere a sua sensibilidade a ambas as caraterísticas do C9-ALS. Verificámos que um inibidor conhecido da exportação nuclear, a leptomicina B (LMB), faz com que o biossensor se acumule no nucléolo. Isto confirma o desempenho adequado do nosso biossensor e proporciona um controlo robusto do ensaio. Os nossos dados mostram um aumento da intensidade da GFP nuclear/citoplasmática e nucleolar após a expressão de PR em células U2OS, indicando um entupimento do poro nuclear e stress nucleolar (Figura 5.3). Por conseguinte, acreditamos que este é um sistema modelo relevante para procurar compostos que possam salvar o fenótipo NCT em C9-ALS. Como prova de conceito, minituarizamos em seguida o ensaio para um formato de placa de 96 poços e utilizámos este modelo para analisar a nossa biblioteca de compostos epigenéticos personalizados, atualmente constituída por 165 compostos, utilizando a análise de imagens de alto conteúdo.

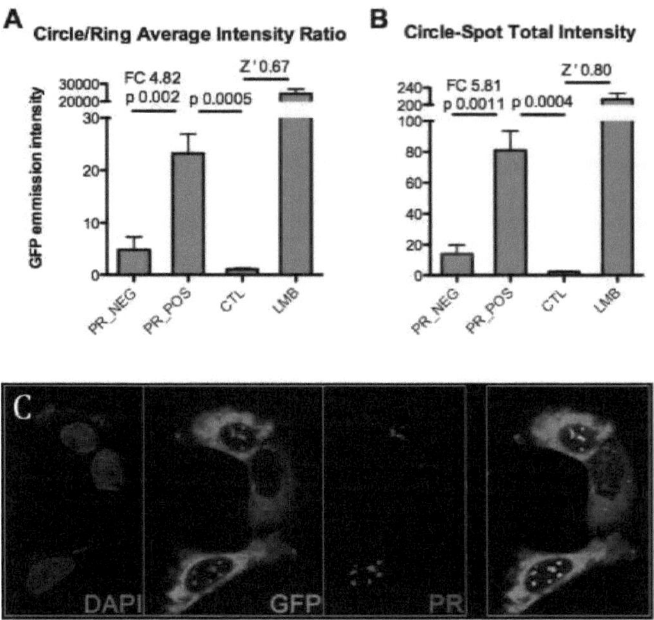

Figura 5.3. A proteína de repetição dipeptídica prolina-arginina (PR) altera a localização celular do biossensor GFP. Utilizou-se um plasmídeo que exprime a construção PR marcada com FLAG para transfectar células U2OS (poços triplicados de uma placa de 24 poços/condição), que exprimem de forma estável o biossensor GFP. Após 48 horas, as células foram fixadas e hibridizadas com um anticorpo primário anti-FLAG e um anticorpo secundário conjugado com Alexa Fluor 594 para distinguir entre células PR positivas (PR+) e PR negativas (PR-). As células foram tratadas com lipofectamina como controlo de transfecção (NEG_CTL) ou tratadas com leptomicina B (LMB), como controlo positivo para avaliar o desempenho adequado do biossensor. O biossensor GFP localiza-se no citoplasma (anel), no núcleo (círculo) e no nucléolo (ponto) em células não tratadas. A expressão de PR e LMB deslocou a localização do biossensor GFP para o núcleo e o nucléolo, conforme determinado pelo rácio entre a intensidade do círculo e do anel (A) ou a intensidade da mancha do círculo (B), respetivamente. Localização subcelular da proteína dipeptídeo-repetição de prolina-arginina (PR) marcada com FLAG em células estáveis Rev-GFP U2OS (C).

1.1.2 Otimização do ensaio e miniaturização para um formato de 96 poços

Para realizar um rastreio de elevado rendimento, reduzimos a escala do nosso ensaio NCT de uma placa de 24 poços para um formato de placa de 96 poços. Apesar do nosso sucesso anterior, os ensaios de imagiologia de elevado conteúdo apresentam desafios únicos. O principal deles é a densidade de sementeira, que deve estar dentro de uma janela ideal que permita uma análise de imagem eficiente que possa identificar adequadamente os compartimentos celulares. Em primeiro lugar, para determinar o número ideal de células estáveis U2OS a serem semeadas por poço, testámos várias condições de 2.000 a 50.000 células/poço. A mudança mais consistente dependente de LMB e PR na localização do biossensor GFP foi observada em réplicas com 20.000 células por poço. Em seguida, procurámos determinar a quantidade ideal de lipofectamina e de plasmídeo PR a transfectar por poço. Foram testadas quantidades de lipofectamina de 0,25 e 0,5 µl por poço, juntamente com diluições em série de ½ do plasmídeo PR de 800ng a 50ng. A toxicidade celular, a eficiência da transfecção, a magnitude do desvio do biossensor GFP e a variabilidade de lote para lote foram todas consideradas para esta etapa. Concluímos que 0,5 µl de lipofectamina combinada com 200ng de plasmídeo PR produz os resultados mais consistentes. Para a aquisição de imagens e análise de dados, vários parâmetros tiveram de ser alterados. Em particular, o número de campos por poço capturados pela plataforma Cellomics foi modificado para 9 e a ampliação foi aumentada para 20X. Para o tratamento com LMB, foi utilizada uma concentração de 1ng/mL e uma duração de 2 horas, semelhante às experiências com placas de 24 poços. Para a coloração de PR, a quantidade de tampão de anticorpo por poço foi reduzida de 200 para 50 µl com o fator de diluição correspondente de 1:500.

5.2.3 Seleção de uma biblioteca de compostos epigenéticos personalizada

Para testar se o ensaio fenotípico NCT pode ser utilizado para o rastreio de elevado rendimento, utilizámos a nossa biblioteca de pequenas moléculas epigenéticas CTI montada à medida (Figura 5.4), que consiste em 165 compostos, cada um dos quais tem como alvo enzimas epigenéticas enzimas epigenéticas. As células estáveis U2OS que contêm o biossensor Rev-GFP foram semeadas em placas de 96 poços e transfectadas

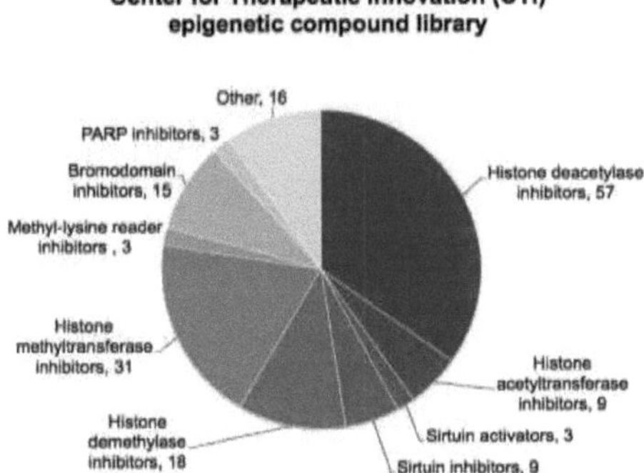

com o plasmídeo PR durante a noite. No dia seguinte, foi efectuado o tratamento da biblioteca de compostos a uma concentração final de 5μM e foi utilizado 0,01% de DMSO como controlo de solvente.

Figura 5.4. Biblioteca de compostos epigenéticos do Center for Therapeutic Innovation. Biblioteca de compostos personalizados constituída por 165 medicamentos epigenéticos diferentes de várias categorias.

As células foram então incubadas durante 48 horas antes da coloração e da análise de imagens de alto conteúdo. Analisámos com êxito uma biblioteca e identificámos compostos que poderiam potencialmente inverter o desvio do biossensor GFP dependente de PR (Figura 5.5). A alteração da intensidade da GFP do círculo/anel foi obtida apenas a partir de células PR+ no poço e os resultados que diminuem o rácio foram identificados a partir do rastreio. Embora seja necessário efetuar validações exaustivas para investigar plenamente o seu efeito na NCT, este ensaio proporciona uma plataforma de rastreio robusta e expansível para identificar outros candidatos a líderes a partir de bibliotecas muito maiores.

Num estudo complementar, utilizando o método Cells-to-Ct, interrogámos a biblioteca de pequenas moléculas epigenéticas do CTI para identificar os compostos capazes de alterar os níveis de expressão de C9ORF72 em neurónios iPSC de doentes que albergam a mutação de expansão repetida (Figura 5.6). Dado que muitos dos compostos epigenéticos são fármacos anticancerígenos e são conhecidos por serem citotóxicos, identificámos

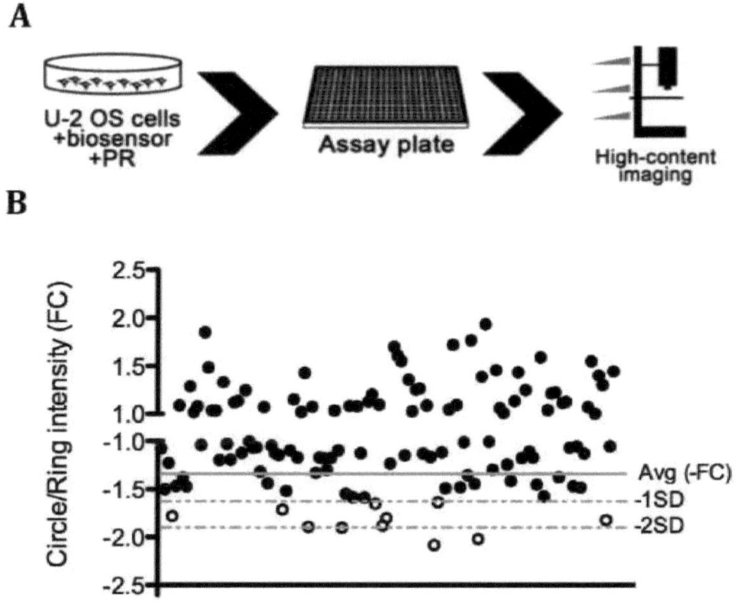

Figure 5.5. Ensaio fenotípico de alto rendimento para o transporte nucleocitoplasmático. Ilustração do rastreio do biossensor GFP (A). Resultado do rastreio em função do rácio de localização do núcleo do biossensor GFP (círculo) para o citoplasma (anel) em células PR+ (B). O eixo Y representa a alteração da dobra (FC), um composto é considerado um sucesso se a FC exceder o limiar de -1 desvio-padrão (SD) e representado em círculos abertos.

monitorizou a expressão global do controlo endógeno GAPDH nos vários tratamentos. Todos os compostos que reduziram significativamente a quantidade de expressão de GAPDH, presumivelmente devido a uma morte celular elevada, foram retirados da análise. Muitas das moléculas que aumentaram a expressão do controlo endógeno eram inibidores da HDAC, o que indica um efeito não seletivo na transcrição global. Embora se esperasse que os inibidores de HDAC pudessem também aumentar a expressão de C9ORF72, à semelhança do que foi observado noutras doenças de expansão [161-165], verificámos que 9 dos 12 principais resultados eram inibidores de bromodomínios

bromodomínio. Ao contrário da maioria dos inibidores da HDAC, os inibidores do bromodomínio aumentaram a expressão do C9ORF72 sem alterar a expressão do gene de controlo endógeno.

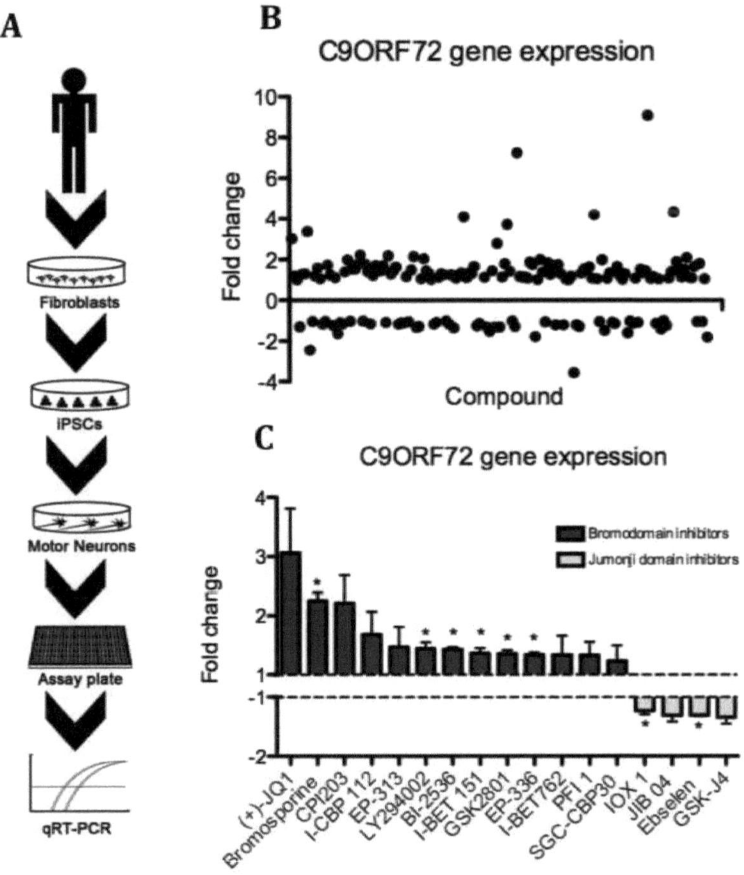

Figure 5.6. Rastreio baseado na expressão genética da biblioteca de compostos epigenéticos em iPSC-Neurónios C9-ALS. Ilustração do rastreio (A) e resultado do rastreio em função da alteração do fold da expressão do ARNm do C9ORF72 (B). Vários dos principais resultados para aumentar a transcrição do C9ORF72 foram inibidores do bromodomínio e para diminuir a transcrição foram inibidores do domínio jumonji (C).

Embora o inibidor da metiltransferase do ADN 5-azadeoxicitidina (5AZA) tenha aumentado a expressão do C9ORF72, não foi uma das principais hipóteses, apesar de vários estudos terem demonstrado a sua capacidade de reverter a repressão genética causada por mutações de expansão, incluindo o C9ORF72 [34,159,160]. Esta era uma descoberta esperada, uma vez que o 5AZA é um nucleósido com um mecanismo de ação único que requer a progressão do ciclo celular, durante o qual a inibição da metilação do ADN de manutenção resulta em células filhas com níveis reduzidos de metilação do ADN[166]. Assim, são necessários períodos prolongados de tratamento com o fármaco para gerar um número suficiente de células filhas nas quais se possa observar a recuperação de genes. Uma vez que o nosso rastreio foi efectuado utilizando neurónios motores diferenciados terminalmente que não se dividem, semeados perto da confluência e tratados apenas durante 48 horas, é pouco provável que as células filhas desmetiladas tenham contribuído significativamente para o nível de expressão agregado do C9ORF72.

Além disso, descobrimos que a inibição de desmetilases de histona-lisina do domínio jumonji reduziu significativamente a expressão de C9ORF72 em neurónios motores derivados de doentes com C9-ALS. O HRE do C9ORF72 leva ao enriquecimento de marcas epigenéticas repressivas, incluindo H3K9me3, no promotor do gene próximo. No entanto, a transcrição residual é suficiente para produzir níveis tóxicos de RNAs mutantes. Essa transcrição persistente requer a capacidade de remover marcas epigenéticas repressivas, como a H3K9me3. A família de histona lisina desmetilases com domínio jumonji é a única classe de enzimas capaz de remover a marca repressiva H3K9me3. Portanto, acreditamos que a inibição das proteínas do domínio jumonji estabiliza os níveis de H3K9me3 e impede a iniciação da transcrição e, potencialmente, o alongamento. Os nossos resultados indicam que os inibidores do bromodomínio aumentam a expressão do alelo não expandido do C9ORF72, enquanto os inibidores do domínio jumonji diminuem a expressão do alelo expandido, o que pode corrigir a haploinsuficiência do C9ORF72 e reduzir os níveis de RNAs HRE tóxicos e DPRs, respetivamente.

5.3 Discussão

A necessidade de descobrir medicamentos para a ELA é urgente. Atualmente, não existe nenhum tratamento eficaz para a ELA, o que obriga a redobrar os esforços de descoberta de terapêuticas com base em subtipos geneticamente definidos da doença, em que a fisiopatologia a jusante tenha sido suficientemente determinada. Os rastreios fenotípicos foram sempre a base para a descoberta de medicamentos e, em muitos casos, são mais eficientes do que os rastreios baseados em alvos. Esta abordagem é designada por "farmacologia prospetiva", em que os compostos são analisados em modelos de doenças para identificar compostos que causem uma recuperação do fenótipo e só depois disso são revelados os alvos biológicos. A imagiologia de alto conteúdo é frequentemente utilizada como plataforma para o rastreio fenotípico, devido à capacidade de monitorizar alterações ao nível das proteínas em grande escala. Em concordância com os recentes avanços no domínio do C9-ALS, estamos entre os primeiros a desenvolver uma estratégia de rastreio robusta, escalável e de elevado rendimento para estudar a disfunção do NCT devido à agregação do DPR. Embora tenhamos analisado apenas uma biblioteca de compostos relativamente pequena, o nosso principal objetivo é identificar compostos que salvem a mudança dependente de PR e, por esta razão, é necessário testar bibliotecas de compostos muito maiores. Os estudos futuros no nosso laboratório centrar-se-ão na utilização do Screen-well® Natural Product e das bibliotecas de medicamentos aprovadas pela FDA (Enzo Life Sciences, Inc.). A biblioteca de produtos naturais é composta por 502 compostos farmacologicamente activos diversos de estrutura conhecida. A biblioteca aprovada pela FDA é uma coleção de 770 compostos com bioatividade definida e diversas propriedades químicas e farmacológicas. Uma vez que as moléculas aprovadas pela FDA foram previamente utilizadas num teatro clínico, têm perfis de segurança e biodisponibilidade definidos, o que lhes permite serem reposicionadas para indicações alternativas com uma resistência regulamentar mínima. Por último, o nosso laboratório irá analisar a biblioteca de compostos farmacologicamente activos (LOPAC), composta por 1280 moléculas que abrangem as principais vias de sinalização e classes de alvos de medicamentos, com 90 medicamentos comerciais adicionais e compostos da literatura desenvolvidos pela Pfizer. Embora as proteínas modificadoras epigenéticas sejam cada vez mais reconhecidas como alvos farmacológicos, existem poucas estratégias de rastreio para abordar esta via de descoberta de fármacos no contexto das doenças da expansão. Para identificar as vias epigenéticas que regulam a transcrição de C9ORF72, utilizámos neurónios motores derivados de iPSC de doentes com C9-ALS num ensaio de alto rendimento baseado na expressão genética para analisar a nossa biblioteca personalizada de pequenas moléculas epigenéticas. A proliferação de pequenas moléculas epigenéticas está a ser impulsionada pelo número crescente de proteínas modificadoras epigenéticas cuja estrutura, função e toxicidade estão suficientemente bem definidas. Os nossos dados mostram que as proteínas do domínio bromodomínio e do domínio jumonji podem ser dois, de potencialmente muitos, alvos epigenéticos que poderiam ter eficácia terapêutica no C9-ALS.

CAPÍTULO 6
Observações finais

A maior parte da minha tese diz respeito a uma área de investigação muito ativa, a esclerose lateral amiotrófica relacionada com a mutação C9ORF72, que foi identificada como a forma genética mais comum da doença. Aqui, aproveitámos o poder das células estaminais pluripotentes induzidas de uma forma não convencional para obter neurónios de um doente com uma forma hipermetilada da mutação C9ORF72. Esta estratégia permite-nos modelar de forma mais adequada tanto a mutação genética como o tipo de célula afetada, utilizando os tecidos disponíveis. Os nossos dados fornecem informações importantes sobre os eventos epigenéticos que ocorrem durante o neurodesenvolvimento e têm um impacto direto na repressão transcricional do gene C9ORF72 e, por conseguinte, na produção de produtos tóxicos que, segundo a hipótese, estão na base da patologia da ELA. Além disso, utilizando neurónios iPSC, descobrimos que a prevenção da formação de R-loop não impediu a heterocromatinização do HRE. É importante salientar que identificámos a presença de hidroximetilação do ADN em tecidos cerebrais post-mortem, o que corrobora a nossa observação original em neurónios derivados de iPSC. Isto sugere que a desmetilação ativa pode ser um componente importante da patologia do C9ORF72 e explica por que razão são observados níveis elevados de transcrição no que anteriormente se considerava ser uma subpopulação de indivíduos hipermetilados. Uma vez que o estado epigenético dos alelos mutantes da C9ORF72 se correlaciona com a gravidade da doença, o nosso trabalho tem potenciais implicações clínicas e poderá iluminar novas estratégias terapêuticas.

Além disso, o trabalho descrito neste documento demonstra que o modelo de roedor recentemente relatado de C9-ALS apresenta grandes aberrações epigenéticas no locus inserido, espelhando um fenómeno observado em doentes humanos. Observámos um enriquecimento das marcas epigenéticas repressivas causadas pela expansão da repetição hexanucleotídica C9ORF72, tais como a metilação do ADN e das histonas. Além disso, mostramos que a heterocromatinização do C9 HRE ocorre durante as primeiras semanas de vida do rato, indicando um mecanismo de silenciamento epigenético regulado pelo desenvolvimento. Sugerimos que a repressão epigenética do C9ORF72 HRE e do promotor do gene próximo poderia explicar a ausência de degeneração extensa dos neurónios motores nos modelos de ELA do rato C9-BAC. Acreditamos que estas importantes e novas descobertas irão suscitar um interesse significativo da comunidade científica em várias disciplinas, uma vez que muitas mutações de expansão repetida, incluindo a C9-ALS, têm um componente epigenético que está diretamente ligado à patologia. Para outra doença de expansão repetida não codificante, a Síndrome do X Frágil, o nosso trabalho demonstra que a 5-hidroximetilcitosina, uma marca epigenética recentemente descoberta derivada da desmetilação ativa do ADN, é enriquecida no locus do gene FMR1. Mostramos que o enriquecimento em 5hmC é exclusivo dos neurónios isolados de amostras cerebrais do X-frágil, mas não se encontra em modelos celulares da doença, incluindo neurónios derivados de células estaminais pluripotentes induzidas ou de células estaminais embrionárias. Uma vez que a síndrome do X-frágil é a forma genética mais comum de autismo e que a metilação do ADN desempenha um papel fundamental na patobiologia, consideramos que a nossa investigação é de particular importância. Para além disso, a nossa descoberta de que esta caraterística epigenética não é recapitulada em modelos celulares da doença deve ser importante para a comunidade científica, particularmente para aqueles que utilizam modelos celulares para a descoberta de terapêuticas. Os nossos resultados podem constituir o ímpeto para estudos futuros destinados a determinar se os níveis de 5hmC se correlacionam com a gravidade fenotípica em populações clínicas maiores. Estes esforços poderão contribuir para a compreensão da variabilidade fenotípica observada na síndrome do X Frágil. Por fim, a nossa descoberta poderá conduzir a uma nova via para reativar o locus FMR1 silenciado, cuja hipótese é terapêutica.

Na parte final da minha tese, desenvolvemos a plataforma para a primeira campanha de rastreio de que temos conhecimento, utilizando a NCT desregulada como leitura. Mostramos que os agregados de dipeptídeos de prolina-arginina produzidos em C9-ALS afectam a localização subcelular do biossensor GFP-Rev-NES no nosso sistema e, por conseguinte, podem ser utilizados como um resultado fenotípico através da análise de imagens de alto conteúdo. Num estudo complementar, utilizámos neurónios iPSC derivados de doentes para realizar um rastreio baseado na expressão genética de uma biblioteca de pequenas moléculas epigenéticas e identificámos potenciais moduladores da expressão de C9ORF72.

Referências

1. Lopez Castel, A., Cleary, J.D. & Pearson, C.E. Repeat instability as the basis for human diseases and as a potential target for therapy. *Nature Reviews. Molecular cell biology* **11**, 165-170 (2010).
2. Nelson, DL, Orr, HT & Warren, ST As repetições instáveis - três faces em evolução da doença neurológica. *Neurónio* **77**, 825-843 (2013).
3. Richards, RI, Samaraweera, SE, van Eyk, CL, O'Keefe, LV & Suter, CM Patogênese de RNA via inflamação ativada por recetor semelhante a Toll em doenças neurodegenerativas repetidas expandidas. *Front Mol Neurosci* **6**, 25 (2013).
4. Zu, T., *et al.* Tradução não iniciada por ATG dirigida por expansões de microssatélites. *Proc Natl Acad Sci U S A* **108**, 260-265 (2011).
5. Evans-Galea, MV, Hannan, AJ, Carrodus, N., Delatycki, MB & Saffery, R. Modificações epigenéticas em doenças de repetição de trinucleotídeos. *Trends Mol Med* **19**, 655-663 (2013).
6. Gendron, T.F., Belzil, V.V., Zhang, Y.J. & Petrucelli, L. Mecanismos de toxicidade em C9FTLD/ALS. *Ata Neuropathol* **127**, 359-376 (2014).
7. Grigsby, J. O gene do retardo mental 1 do X frágil (FMR1): perspetiva histórica, fenótipos, mecanismo, patologia e epidemiologia. *Clin Neuropsychol* **30**, 815-833 (2016).
8. Zarei, S., *et al.* Uma revisão abrangente da esclerose lateral amiotrófica. *Surg Neurol Int* **6**, 171 (2015).
9. Kiernan, M.C., *et al.* Esclerose lateral amiotrófica. *Lancet* **377**, 942-955 (2011).
10. DeJesus-Hernandez, M., *et al.* A repetição hexanucleotídica GGGGCC expandida na região não codificante de C9ORF72 causa FTD e ALS ligadas ao cromossoma 9p. *Neurónio* **72**, 245-256 (2011).
11. Renton, A.E., *et al.* Uma expansão de repetição hexanucleotídica em C9ORF72 é o causa da ALS-FTD ligada ao cromossoma 9p21. *Neurónio* **72**, 257-268 (2011).
12. van Blitterswijk, M., DeJesus-Hernandez, M. & Rademakers, R. Como é que as expansões de repetições C9ORF72 causam esclerose lateral amiotrófica e demência frontotemporal: podemos aprender com outras doenças de expansão de repetições não codificantes? *Curr Opin Neurol* **25**, 689-700 (2012).
13. Zhang, D., Iyer, L.M., He, F. & Aravind, L. Descoberta de novas proteínas DENN: implicações para a evolução de estruturas de membrana intracelular eucarióticas e doenças humanas. *Front Genet* **3**, 283 (2012).
14. Belzil, V.V., *et al.* Caracterização da hipermetilação do ADN no cerebelo de doentes com c9FTD/ALS. *Brain Res* **1584**, 15-21 (2014).
15. Zu, T., *et al.* Proteínas RAN e focos de RNA de transcrições antisense em C9ORF72 ALS e demência frontotemporal. *Proc Natl Acad Sci U S A* **110**, E4968-4977 (2013).
16. Ash, P.E., *et al.* Tradução não convencional de C9ORF72 GGGGCC expansão gera polipéptidos insolúveis específicos para c9FTD/ALS. *Neurónio* **77**, 639-646 (2013).
17. Freibaum, B.D., *et al.* Expansão da repetição GGGGCC em C9orf72 compromete o transporte nucleocitoplasmático. *Nature* **525**, 129-133 (2015).
18. Jovicic, A., *et al.* Modificadores da toxicidade da repetição de dipeptídeo C9orf72 conectam defeitos de transporte nucleocitoplasmático a FTD / ALS. *Nat Neurosci* **18**, 12261229 (2015).
19. Zhang, K., *et al.* A expansão da repetição C9orf72 interrompe transporte nucleocitoplasmático. *Nature* **525**, 56-61 (2015).
20. Hagerman, R.J., *et al.* Advances in the treatment of fragile X syndrome (Avanços no tratamento da síndrome do X frágil). *Pediatrics* **123**, 378-390 (2009).
21. Pirozzi, F., Tabolacci, E. & Neri, G. The FRAXopathies: definition, overview, and update. *Revista americana de genética médica. Parte A* **155A**, 1803-1816 (2011).

22. Kumari, D., Lokanga, R., Yudkin, D., Zhao, X.N. & Usdin, K. Chromatin changes in the development and pathology of the Fragile X-associated disorders and Friedreich ataxia. *Biochim Biophys Ata* **1819**, 802-810 (2012).
23. Pieretti, M., *et al.* Ausência de expressão do gene FMR-1 na síndrome do X frágil. *Cell* **66**, 817-822 (1991).
24. Verkerk, A.J., *et al.* Identificação de um gene (FMR-1) que contém uma repetição CGG coincidente com uma região de agrupamento de pontos de rutura que apresenta uma variação de comprimento na síndrome do X frágil. *Cell* **65**, 905-914 (1991).
25. Bear, M.F., Huber, K.M. & Warren, S.T. The mGluR theory of fragile X mental retardation. *Trends in neurosciences* **27**, 370-377 (2004).
26. Nosyreva, E.D. & Huber, K.M. Metabotropic recetor-dependent long-term depression persists in the absence of protein synthesis in the mouse model of fragile X syndrome. *Journal of neurophysiology* **95**, 3291-3295 (2006).
27. Tassone, F., Hagerman, R.J., Taylor, A.K. & Hagerman, P.J. A maioria dos homens do X frágil com alelos de mutação completa metilados têm níveis significativos de ARN mensageiro FMR1. *J Med Genet* **38**, 453-456 (2001).
28. Lubs, H.A. Um marcador do cromossoma X. *American journal of human genetics* **21**, 231-244 (1969).
29. Pearson, C.E., Nichol Edamura, K. & Cleary, J.D. Repeat instability: mechanisms of dynamic mutations. *Nature reviews. Genetics* **6**, 729-742 (2005).
30. Willemsen, R., Bontekoe, C.J., Severijnen, L.A. & Oostra, B.A. Timing of the absence of FMR1 expression in full mutation chorionic villi. *Human genetics* **110**, 601-605 (2002).
31. Fu, Y.H., *et al.* Variação da repetição CGG no sítio X frágil resulta em instabilidade genética: resolução do paradoxo de Sherman. *Cell* **67**, 1047-1058 (1991).
32. Tassone, F., Hagerman, P.J. & Hagerman, R.J. Fragile x premutation. *J Neurodev Disord* **6**, 22 (2014).
33. Stembalska, A., Laczmanska, I., Gil, J. & Pesz, K.A. Síndrome do X frágil no sexo feminino - um relato de caso familiar e revisão da literatura. *Dev Period Med* **20**, 99-104 (2016).
34. Belzil, V.V., *et al.* A expressão reduzida do gene C9orf72 em c9FTD/ALS é causada por trimetilação de histonas, um evento epigenético detetável no sangue. *Ata Neuropathol* **126**, 895-905 (2013).
35. Donnelly, C.J., *et al.* A toxicidade do RNA da expansão ALS/FTD C9ORF72 é mitigada pela intervenção antisense. *Neurónio* **80**, 415-428 (2013).
36. Xi, Z., *et al.* Hipermetilação da ilha CpG perto da expansão da repetição C9orf72 G (4) C (2) em pacientes com FTLD. *Hum Mol Genet* **23**, 56305637 (2014).
37. Xi, Z., *et al.* Hipermetilação da ilha CpG perto da repetição G4C2 em ALS com uma expansão C9orf72. *Am J Hum Genet* **92**, 981-989 (2013).
38. Liu, E.Y., *et al.* A hipermetilação de C9orf72 protege contra a patologia associada à expansão repetida em ALS / FTD. *Ata Neuropathol* **128**, 525541 (2014).
39. McMillan, C.T., *et al.* A hipermetilação do promotor do C9orf72 é neuroprotector: Neuroimagem e evidências neuropatológicas. *Neurology* **84**, 1622-1630 (2015).
40. Castaldo, I., *et al.* A metilação do ADN no intrão 1 do gene da frataxina está relacionada com o comprimento da repetição GAA e a idade de início em doentes com ataxia de Friedreich. *J Med Genet* **45**, 808-812 (2008).
41. McLennan, Y., Polussa, J., Tassone, F. & Hagerman, R. Fragile x syndrome. *Curr Genomics* **12**, 216-224 (2011).
42. Belzil, V.V., Katzman, R.B. & Petrucelli, L. ALS e FTD: uma perspetiva epigenética. *Ata Neuropathologica* **132**, 487-502 (2016).
43. Evans-Galea, M.V., Hannan, A.J., Carrodus, N., Delatycki, M.B. & Saffery, R. Modificações epigenéticas em doenças de repetição de trinucleotídeos. *Tendências em*

Medicina Molecular **19**, 655-663 (2013).
44. Yandim, C., Natisvili, T. & Festenstein, R. Regulação de genes e epigenética na ataxia de Friedreich. *Journal of Neurochemistry* **126**, 21-42 (2013).
45. Kumari, D. & Usdin, K. The distribution of repressive histone modifications on silenced FMR1 alleles provides clues to the mechanism of gene silencing in fragile X syndrome. *Human molecular genetics* **19**, 4634-4642 (2010).
46. Tabolacci, E., *et al.* A análise epigenética revela uma configuração eucromática nas mutações completas não-metiladas de FMR1. *Revista Europeia de Genética Humana: EJHG* **16**, 1487-1498 (2008).
47. Tabolacci, E., *et al.* Modificações epigenéticas diferenciais no gene FMR1 da síndrome do X frágil após a reativação de tratamentos farmacológicos. *Revista Europeia de Genética Humana: EJHG* **13**, 641-648 (2005).
48. Coffee, B., Zhang, F., Ceman, S., Warren, S.T. & Reines, D. Histone modifications depict an aberrantly heterochromatinized FMR1 gene in fragile x syndrome. *American journal of human genetics* **71**, 923-932 (2002).
49. Pietrobono, R., *et al.* Dissecção molecular dos eventos que levam à inativação do gene FMR1. *Genética molecular humana* **14**, 267-277 (2005).
50. Coffee, B., Zhang, F., Warren, S.T. & Reines, D. Acetylated histones are associated with FMR1 in normal but not fragile X-syndrome cells. *Nature genetics* **22**, 98-101 (1999).
51. Sutcliffe, J.S., *et al.* A metilação do ADN reprime a transcrição de FMR-1 na síndrome do X frágil. *Hum Mol Genet* **1**, 397-400 (1992).
52. Oberle, I., *et al.* Instabilidade de um segmento de ADN de 550 pares de bases e metilação anormal na síndrome do X frágil. *Science* **252**, 1097-1102 (1991).
53. McConkie-Rosell, A., *et al.* Evidência de que a metilação do locus FMR-I é responsável pela expressão fenotípica variável da síndrome do X frágil. *American journal of human genetics* **53**, 800-809 (1993).
54. Naumann, A., Kraus, C., Hoogeveen, A., Ramirez, CM & Doerfler, W. Limites estáveis de metilação de DNA e repetições de trinucleotídeos expandidas: papel das inserções de DNA. *Jornal de biologia molecular* **426**, 2554-2566 (2014).
55. Al-Mahdawi, S., Sandi, C., Mouro Pinto, R. & Pook, M.A. Os tecidos de pacientes com ataxia de Friedreich exibem aumento da modificação de 5-hidroximetilcitosina e diminuição da ligação de CTCF no locus FXN. *PLoS One* **8**, e74956 (2013).
56. De Biase, I., Chutake, Y.K., Rindler, P.M. & Bidichandani, S.I. O silenciamento epigenético na ataxia de Friedreich está associado à depleção de CTCF (fator de ligação CCCTC) e à transcrição antisense. *PloS one* **4**, e7914 (2009).
57. Filippova, G.N., *et al.* Os sítios de ligação do CTCF flanqueiam as repetições CTG/CAG e formam um isolador sensível à metilação no locus DM1. *Nature genetics* **28**, 335-343 (2001).
58. Libby, R.T., *et al.* CTCF cis-regulates trinucleotide repeat instability in an epigenetic manner: a novel basis for mutational hot spot determination. *PLoS genetics* **4**, e1000257 (2008).
59. Sopher, B.L., *et al.* O CTCF regula a expressão da ataxina-7 através da promoção de um ARN não codificante anti-sentido, transcrito de forma convergente. *Neurónio* **70**, 1071-1084 (2011).
60. Phillips, J.E. & Corces, V.G. CTCF: mestre tecelão do genoma. *Cell* **137**, 1194-1211 (2009).
61. Ginno, P.A., Lott, P.L., Christensen, H.C., Korf, I. & Chedin, F. A formação de R-loop é uma caraterística distintiva dos promotores de ilhas CpG humanas não metiladas. *Molecular cell* **45**, 814-825 (2012).
62. Skourti-Stathaki, K. & Proudfoot, N.J. A double-edged sword: Loops R como ameaças à integridade do genoma e poderosos reguladores da expressão gênica. *Genes e desenvolvimento* **28**, 1384-1396 (2014).

63. Ginno, P.A., Lim, Y.W., Lott, P.L., Korf, I. & Chedin, F. GC skew nas extremidades 5' e 3' dos genes humanos liga a formação de R-loop à regulação epigenética e à terminação da transcrição. *Investigação sobre o genoma* **23**, 1590-1600 (2013).
64. Colak, D., *et al.* O mRNA de repetição de trinucleotídeos ligado ao promotor conduz o silenciamento epigenético na síndrome do X frágil. *Science* **343**, 1002-1005 (2014).
65. Groh, M., Lufino, MM, Wade-Martins, R. & Gromak, N. R-loops associados a expansões de repetição tripla promovem o silenciamento de genes na ataxia de Friedreich e na síndrome do X frágil. *PLoS Genet* **10**, e1004318 (2014).
66. Reddy, K., *et al.* O processamento de laços duplos-R em repetições (CAG).(CTG) e C9orf72 (GGGGCC).(GGCCCC) causa instabilidade. *Nucleic Acids Res* **42**, 10473-10487 (2014).
67. Yao, B., *et al.* Alteração de todo o genoma da 5-hidroximetilcitosina num modelo de rato da síndrome de tremor/ataxia associada ao X frágil. *Hum Mol Genet* **23**, 1095-1107 (2014).
68. Wang, F., *et al.* A perda de 5-hmC em todo o genoma é uma nova caraterística epigenética da doença de Huntington. *Hum Mol Genet* **22**, 3641-3653 (2013).
69. Kriaucionis, S. & Heintz, N. A base nuclear de ADN 5- hidroximetilcitosina está presente nos neurónios de Purkinje e no cérebro. *Science* **324**, 929-930 (2009).
70. Ito, S., *et al.* Papel das proteínas Tet na conversão de 5mC em 5hmC, células ES auto
renovação e especificação da massa celular interna. *Nature* **466**, 1129-1133 (2010).
71. Tahiliani, M., *et al.* Conversão de 5-metilcitosina em 5-hidroximetilcitosina no ADN de mamíferos pelo parceiro do MLL, TET1. *Science* **324**, 930-935 (2009).
72. Ficz, G., *et al.* Regulação dinâmica da 5-hidroximetilcitosina em células ES de ratinho e durante a diferenciação. *Nature* **473**, 398-402 (2011).
73. Mellen, M., Ayata, P., Dewell, S., Kriaucionis, S. & Heintz, N. MeCP2 se liga a 5hmC enriquecido em genes ativos e cromatina acessível no sistema nervoso. *Cell* **151**, 1417-1430 (2012).
74. Wang, T., *et al.* As alterações da hidroximetilação do ADN ao nível do genoma estão associadas a genes do neurodesenvolvimento no cerebelo humano em desenvolvimento. *Hum Mol Genet* **21**, 5500-5510 (2012).
75. Stroud, H., Feng, S., Morey Kinney, S., Pradhan, S. & Jacobsen, S.E. 5-Hydroxymethylcytosine is associated with enhancers and gene bodies in human embryonic stem cells. *Genome Biol* **12**, R54 (2011).
76. Wu, H., *et al.* A análise da distribuição da 5-hidroximetilcitosina em todo o genoma revela a sua dupla função na regulação da transcrição em células estaminais embrionárias de ratinho. *Genes* **Dev 25**, 679-684 (2011).
77. Dawlaty, M.M., *et al.* Tet1 é dispensável para manter a pluripotência e a sua perda é compatível com o desenvolvimento embrionário e pós-natal. *Cell Stem Cell* **9**, 166-175 (2011).
78. Li, X., *et al.* A acumulação de 5-hidroximetilcitosina mediada por Tet3 neocortical promove uma rápida adaptação comportamental. *Proc Natl Acad Sci U S A* **111**, 7120-7125 (2014).
79. Rudenko, A., *et al.* Tet1 é fundamental para a expressão de genes regulados pela atividade neuronal e para a extinção da memória. *Neurónio* **79**, 1109-1122 (2013).
80. Zhang, R.R., *et al.* Tet1 regula a neurogénese e a cognição do hipocampo adulto. *Cell Stem Cell* **13**, 237-245 (2013).
81. Huang, Y., *et al.* O comportamento da 5-hidroximetilcitosina na sequenciação por bissulfito. *PLoS One* **5**, e8888 (2010).
82. Takahashi, K. & Yamanaka, S. Indução de células estaminais pluripotentes a partir de culturas de fibroblastos embrionários e adultos de ratinho através de factores definidos.

Cell **126**, 663-676 (2006).
83. Gurdon, J.B. The developmental capacity of nuclei taken from intestinal epithelium cells of feeding tadpoles. *J Embryol Exp Morphol* **10**, 622-640 (1962).
84. Wilmut, I., Schnieke, A.E., McWhir, J., Kind, A.J. & Campbell, K.H. Viable offspring derived from fetal and adult mammalian cells. *Nature* **385**, 810813 (1997).
85. Yanovsky-Dagan, S., Mor-Shaked, H. & Eiges, R. Modelagem de doenças de expansões de repetições instáveis não codificantes usando células-tronco pluripotentes mutantes. *World J Stem Cells* **7**, 823-838 (2015).
86. Koppers, M., *et al.* A ablação de C9orf72 em ratos não causa neurónio motor degeneração ou défices motores. *Ann Neurol* **78**, 426-438 (2015).
87. Chew, J., *et al.* Neurodegeneração. As expansões de repetição C9ORF72 em ratos causam patologia TDP-43, perda neuronal e défices comportamentais. *Science* **348**, 1151-1154 (2015).
88. O'Rourke, J.G., *et al.* C9orf72 é necessário para a função adequada de macrófagos e microgliais em ratos. *Science* **351**, 1324-1329 (2016).
89. Sudria-Lopez, E., *et al.* A ablação total de C9orf72 em ratos causa patologia relacionada com o sistema imunitário e eventos neoplásicos, mas sem defeitos nos neurónios motores. *Ata Neuropathol* **132**, 145-147 (2016).
90. Atanasio, A., *et al.* A ablação de C9orf72 causa desregulação imunológica caracterizada pela expansão de leucócitos, produção de autoanticorpos e glomerulonefropatia em camundongos. *Sci Rep* **6**, 23204 (2016).
91. O'rourke, J.G., *et al.* Os ratinhos transgénicos C9orf72Os ratinhos transgénicos BAC apresentam
caraterísticas patológicas de ALS/FTD. *Neurónio* **88**, 892-901 (2015).
92. Peters, O.M., *et al.* A expansão hexanucleotídica do gene Expansão hexanucleotídica do C9ORF72 humano
reproduz os focos de RNA e proteínasproteínas de repetição de dipeptídeos, mas não neurodegeneração em ratos transgénicos BAC. *Neurónio* **88**, 902-909 (2015).
93. Jiang, J., *et al.* O ganho de toxicidade das expansões de repetição ligadas a ALS / FTD em C9ORF72 é aliviado por oligonucleotídeos antisense direcionados a RNAs contendo GGGGCC. *Neurónio* **90**, 535-550 (2016).
94. Liu, Y.J., *et al.* Modelo de rato C9orf72 BAC com défices motores e caraterísticas neurodegenerativas de ALS/FTD. *Neurónio* **90**, 521-534 (2016).
95. Plaitakis, A. & Caroscio, J.T. Abnormal glutamate metabolism in amyotrophic lateral sclerosis. *Ann Neurol* **22**, 575-579 (1987).
96. Rothstein, J.D., *et al.* Abnormal excitatory amino acid metabolism in amyotrophic lateral sclerosis. *Ann Neurol* **28**, 18-25 (1990).
97. Palmada, M. & Centelles, J.J. Excitatory amino acid neurotransmission. Vias para o metabolismo, armazenamento e recaptação do glutamato no cérebro. *Front Biosci* **3**, d701-718 (1998).
98. Miller, R.G., Mitchell, J.D. & Moore, D.H. Riluzole for amyotrophic lateral sclerosis (ALS)/motor neuron disease (MND). *Cochrane Database Syst Rev*, CD001447 (2000).
99. Vidal, R.L., Matus, S., Bargsted, L. & Hetz, C. Visando a autofagia em doenças neurodegenerativas. *Trends Pharmacol Sci* **35**, 583-591 (2014).
100. Webster, CP, *et al.* A proteína C9orf72 interage com Rab1a e o complexo ULK1 para regular o início da autofagia. *EMBO J* **35**, 1656-1676 (2016).
101. Farg, M.A., *et al.* C9ORF72, implicado na esclerose lateral amiotrófica e na demência frontotemporal, regula o tráfico endossómico. *Hum Mol Genet* **23**, 3579-3595 (2014).
102. Sareen, D., *et al.* Focos de RNA direcionados em neurônios motores derivados de iPSC de pacientes com ELA com uma expansão de repetição C9ORF72. *Sci Transl Med* **5**, 208ra149 (2013).
103. Lin, Y., *et al.* Polidipeptídeos PR tóxicos codificados pelos polímeros de domínio LC

alvo de expansão de repetição C9orf72. *Célula* **167**, 789-802 e712 (2016).
104. Freibaum, BD & Taylor, JP O papel das repetições de dipeptídeos em ALS-FTD relacionado ao C9ORF72. *Front Mol Neurosci* **10**, 35 (2017).
105. Tosato, G. & Cohen, J.I. Generation of Epstein-Barr Virus (EBV)- immortalized B cell lines. *Curr Protoc Immunol* **Capítulo 7**, Unidade 7 22 (2007).
106. Amoli, M.M., Carthy, D., Platt, H. & Ollier, W.E. EBV Immortalization of human B lymphocytes separated from small volumes of cryo-preserved whole blood. *Int J Epidemiol* **37 Suppl 1**, i41-45 (2008).
107. Zeier, Z., *et al.* Os inibidores da bromodomina regulam o locus C9ORF72 na ELA. *Exp Neurol* (2015).
108. Esanov, R., *et al.* A hipermetilação do promotor C9orf72 é reduzida enquanto a hidroximetilação é adquirida durante a reprogramação de células de pacientes com ELA. *Exp Neurol* **277**, 171-177 (2016).
109. van Blitterswijk, M., *et al.* Associação entre tamanhos de repetição e caraterísticas clínicas e patológicas em portadores de expansões de repetição C9ORF72 (Xpansize-72): um estudo de coorte transversal. *Lancet Neurol* **12**, 978-988 (2013).
110. Filipovic-Sadic, S., *et al.* Um novo método FMR1 PCR para a deteção de rotina de alelos expandidos de baixa abundância e mutações completas na síndrome do X frágil. *Clin Chem* **56**, 399-408 (2010).
111. Monaghan, K.G., Lyon, E. & Spector, E.B. ACMG Standards and Guidelines for fragile X testing: a revision to the disease-specific supplements to the Standards and Guidelines for Clinical Genetics Laboratories of the American College of Medical Genetics and Genomics. *Genet Med* **15**, 575-586 (2013).
112. Yu, M., *et al.* Análise de resolução de base da 5-hidroximetilcitosina no genoma dos mamíferos. *Cell* **149**, 1368-1380 (2012).
113. Jiang, Y., Matevossian, A., Huang, H.S., Straubhaar, J. & Akbarian, S. Isolamento da cromatina neuronal do tecido cerebral. *BMC Neurosci* **9**, 42 (2008).
114. Loomis, EW, Sanz, LA, Chedin, F. & Hagerman, PJ Formação de R-Loop associada à transcrição na região de repetição CGG FMR1 humana. *Plos Genetics* **10** (2014).
115. Su, Z., *et al.* Descoberta de um biomarcador e de pequenas moléculas para combater os defeitos associados a r(GGGGCC) em c9FTD/ALS. *Neuron* **83**, 1043-1050 (2014).
116. Choi, S.M., *et al.* Reprogramação de linhas celulares de linfócitos B imortalizadas pelo EBV em células estaminais pluripotentes induzidas. *Sangue* **118**, 1801-1805 (2011).
117. Rajesh, D., *et al.* Linhas de células B linfoblastoides humanas reprogramadas para células estaminais pluripotentes induzidas sem EBV. *Blood* **118**, 1797-1800 (2011).
118. Son, E.Y., *et al.* Conversão de fibroblastos de rato e humanos em neurónios motores espinais funcionais. *Cell Stem Cell* **9**, 205-218 (2011).
119. Almeida, S., *et al.* Modelação das principais caraterísticas patológicas da demência frontotemporal com expansão da repetição C9ORF72 em neurónios humanos derivados de iPSC. *Ata Neuropathol* **126**, 385-399 (2013).
120. Hill, P.W., Amouroux, R. & Hajkova, P. Desmetilação do DNA, proteínas Tet e 5-hidroximetilcitosina na reprogramação epigenética: uma história complexa emergente. *Genomics* **104**, 324-333 (2014).
121. Santiago, M., Antunes, C., Guedes, M., Sousa, N. & Marques, C.J. As enzimas TET e a hidroximetilação do DNA no desenvolvimento e função neural - qual a sua importância? *Genomics* **104**, 334-340 (2014).
122. Leitch, H.G., *et al.* A pluripotência ingénua está associada à hipometilação global do ADN. *Nat Struct Mol Biol* **20**, 311-316 (2013).
123. Cohen-Hadad, Y., *et al.* Diferenças marcadas no status de metilação C9orf72 e expressão de isoformas entre células-tronco embrionárias humanas C9 / ALS e células-tronco pluripotentes induzidas. *Relatórios de células estaminais* **7**, 927-940 (2016).

124. Xi, Z., *et al.* A própria expansão da repetição C9orf72 é metilada em pacientes com ALS e FTLD. *Ata Neuropathol* **129**, 715-727 (2015).
125. Gijselinck, I., *et al.* O tamanho da repetição C9orf72 está correlacionado com a idade de início da doença, metilação do DNA e regulação negativa da transcrição do promotor. *Mol Psychiatry* (2015).
126. Zamiri, B., Mirceta, M., Bomsztyk, K., Macgregor, R.B. & Pearson, C.E. Formação de quadruplex por cadeias de ADN ricas em G e ricas em C da repetição C9orf72 (GGGGCC)8,À0(GGCCCC)8: efeito da metilação CpG. *Nucleic Acids Research* **43**, 10055-10064 (2015).
127. Wang, J., Haeusler, AR & Simko, EA Papel emergente dos híbridos de DNA de ponto central de RNA na neurodegeneração ligada ao C9orf72. *Ciclo celular* **14**, 526-532 (2015).
128. Bauer, PO A metilação da expansão de C9orf72 reduz a formação de focos de RNA e a expressão de proteínas de repetição de dipeptídeos nas células. *Neuroscience Letters* **612**, 204-209 (2016).
129. Sherwani, S.I. & Khan, H.A. Papel da 5-hidroximetilcitosina na neurodegeneração. *Gene* **570**, 17-24 (2015).
130. Esanov, R., Andrade, NS, Bennison, S., Wahlestedt, C. & Zeier, Z. O promotor FMR1 é seletivamente hidroximetilado em neurônios primários de pacientes com síndrome do X frágil. *Genética Molecular Humana* (2016).
131. Globisch, D., *et al.* Distribuição tecidular da 5-hidroximetilcitosina e procura de intermediários activos de desmetilação. *PLoS One* **5**, e15367 (2010).
132. Kinney, S.M., *et al.* Distribuição específica dos tecidos e alterações dinâmicas da 5-hidroximetilcitosina nos genomas dos mamíferos. *J Biol Chem* **286**, 2468524693 (2011).
133. Usdin, K., *et al.* Alterações genéticas e epigenéticas mediadas por repetição no locus FMR1 nos distúrbios relacionados ao X frágil. *Front Genet* **5**, 226 (2014).
134. Lister, R., *et al.* Reconfiguração epigenómica global durante o desenvolvimento do cérebro dos mamíferos. *Science* **341**, 1237905 (2013).
135. Mullen, R.J., Buck, C.R. & Smith, A.M. NeuN, a neuronal specific nuclear protein in vertebrates. *Development* **116**, 201-211 (1992).
136. Gittins, R. & Harrison, P.J. Neuronal density, size and shape in the human anterior cingulate cortex: a comparison of Nissl and NeuN staining. *Brain Res Bull* **63**, 155-160 (2004).
137. van Blitterswijk, M. & Rademakers, R. Doença neurodegenerativa: As repetições C9orf72 comprometem o transporte nucleocitoplasmático. *Nat Rev Neurol* (2015).
138. Kaas, GA, *et al.* O TET1 controla a hidroxilação da 5-metilcitosina do SNC, a desmetilação ativa do ADN, a transcrição de genes e a formação de memória. *Neurónio* **79**, 1086-1093 (2013).
139. Greene, E., Mahishi, L., Entezam, A., Kumari, D. & Usdin, K. Repeat- induced epigenetic changes in intron 1 of the frataxin gene and its consequences in Friedreich ataxia. *Nucleic Acids Res* **35**, 3383-3390 (2007).
140. Rousseau, F., *et al.* Diagnóstico direto por análise do ADN da síndrome do X frágil de atraso mental. *The New England journal of medicine* **325**, 1673-1681 (1991).
141. Cohen, I.L., *et al.* O mosaicismo para o gene FMR1 influencia o desenvolvimento de competências adaptativas em homens afectados pelo X frágil. *American journal of medical genetics* **64**, 365-369 (1996).
142. Pretto, D., *et al.* Implicações clínicas e moleculares do mosaicismo nas mutações completas do FMR1. *Fronteiras em genética* **5**, 318 (2014).
143. Stoger, R., *et al.* Testando o promotor FMR1 para mosaicismo na metilação do DNA entre sítios CpG, vertentes e células em homens que expressam FMR1 com síndrome do X frágil. *PLoS One* **6**, e23648 (2011).
144. Smeets, H.J., *et al.* Fenótipo normal em dois irmãos com uma mutação completa do FMR1. *Human molecular genetics* **4**, 2103-2108 (1995).

145. Yildirim, O., *et al.* O complexo Mbd3/NURD regula a expressão de genes marcados com 5-hidroximetilcitosina em células estaminais embrionárias. *Cell* **147**, 1498-1510 (2011).
146. Valinluck, V. & Sowers, L.C. Os produtos de dano endógeno da citosina alteram a seletividade do local da metiltransferase de manutenção do ADN humano DNMT1. *Cancer Res* **67**, 946-950 (2007).
147. Valinluck, V., *et al.* Os danos oxidativos nas sequências metil-CpG inibem a ligação do domínio de ligação metil-CpG (MBD) da proteína 2 de ligação metil-CpG (MeCP2). *Nucleic Acids Res* **32**, 4100-4108 (2004).
148. Ladd, P.D., *et al.* Um transcrito antisense que abrange a região de repetição CGG do FMR1 é regulado positivamente em portadores de pré-mutação, mas silenciado em indivíduos com mutação completa. *Hum Mol Genet* **16**, 3174-3187 (2007).
149. Lanni, S., *et al.* Papel da proteína CTCF na regulação da transcrição do locus FMR1. *PLoS Genet* **9**, e1003601 (2013).
150. Ng, K., Pullirsch, D., Leeb, M. & Wutz, A. Xist e a ordem de silenciamento. *EMBO Rep* **8**, 34-39 (2007).
151. Uhlen, M., *et al.* Proteomics. Mapa baseado em tecidos do proteoma humano. *Science* **347**, 1260419 (2015).
152. Lokanga, R.A., Zhao, X.N. & Usdin, K. A proteína de reparo de incompatibilidade MSH2 é limitante da taxa de expansão repetida em um modelo de mouse de pré-mutação X frágil. *Mutação humana* **35**, 129-136 (2014).
153. Yudkin, D., Hayward, BE, Aladjem, MI, Kumari, D. & Usdin, K. Fragilidade cromossómica e replicação anormal do locus FMR1 na síndrome do X frágil. *Genética molecular humana* **23**, 2940-2952 (2014).
154. Zhao, X.N. & Usdin, K. Efeitos específicos do género e do tipo de célula da proteína de reparação acoplada à transcrição, ERCC6/CSB, na expansão repetida num modelo de rato das doenças relacionadas com o X frágil. *Mutação humana* **35**, 341-349 (2014).
155. Eiges, R., *et al.* Estudo do desenvolvimento da síndrome do X frágil utilizando células estaminais embrionárias humanas derivadas de embriões geneticamente diagnosticados em pré-implantação. *Cell stem cell* **1**, 568-577 (2007).
156. Avitzour, M., *et al.* O silenciamento epigenético de FMR1 ocorre normalmente em células estaminais embrionárias indiferenciadas afectadas por x frágil. *Relatórios de células estaminais* **3**, 699-706 (2014).
157. Urbach, A., Bar-Nur, O., Daley, G.Q. & Benvenisty, N. Differential modeling of fragile X syndrome by human embryonic stem cells and induced pluripotent stem cells. *Cell stem cell* **6**, 407-411 (2010).
158. Sheridan, S.D., *et al.* Caracterização epigenética do gene FMR1 e neurodesenvolvimento aberrante em modelos de células estaminais pluripotentes induzidas humanas da síndrome do X frágil. *PloS one* **6**, e26203 (2011).
159. Chiurazzi, P., Pomponi, M.G., Willemsen, R., Oostra, B.A. & Neri, G. In vitro reactivation of the FMR1 gene involved in fragile X syndrome. *Hum Mol Genet* **7**, 109-113 (1998).
160. Pietrobono, R., *et al.* Análise quantitativa da desmetilação do ADN e reativação transcricional do gene FMR1 em células X frágeis tratadas com 5-azadeoxicitidina. *Nucleic Acids Res* **30**, 3278-3285 (2002).
161. Biacsi, R., Kumari, D. & Usdin, K. SIRT1 inhibition alleviates gene silencing in Fragile X mental retardation syndrome. *PLoS Genet* **4**, e1000017 (2008).
162. Rai, M., *et al.* Dois novos inibidores HDAC de difenilamida pimélica induzem uma regulação positiva sustentada da frataxina em células de doentes com ataxia de Friedreich e num modelo de ratinho. *PLoS One* **5**, e8825 (2010).
163. Rai, M., *et al.* Os inibidores de HDAC corrigem a deficiência de frataxina num modelo de ratinho com ataxia de Friedreich. *PLoS One* **3**, e1958 (2008).
164. Sandi, C., *et al.* O tratamento prolongado com inibidores pimélicos de o-

aminobenzamida HDAC melhora o fenótipo da doença num modelo de ratinho com ataxia de Friedreich. *Neurobiol Dis* **42**, 496-505 (2011).
165. Todd, P.K., *et al.* As histona desacetilases suprimem a neurodegenerescência induzida por repetições CGG através do silenciamento transcricional em modelos da síndrome de ataxia tremor X frágil. *PLoS Genet* **6**, e1001240 (2010).
166. Christman, J.K. 5-Azacytidine and 5-aza-2'-deoxycytidine as inhibitors of DNA methylation: mechanistic studies and their implications for cancer therapy. *Oncogene* **21**, 5483-5495 (2002).

Printed by Books on Demand GmbH, Norderstedt / Germany